计算机信息技术概论
实验与习题

宋乃平　主编

上海交通大学出版社

内容提要

本书是和《计算机信息技术概论》相配套的上机实验和单元练习，是根据教育部对高等院校计算机公共课基本要求编写的。本书内容主要由两部分组成，一是上机实验部分；二是习题部分。上机实验部分主要有：Windows 操作、Word 文字处理、Excel 电子表格、PowerPoint 演示文稿制作、FrontPage 网页制作、数据库操作及一些常用的工具软件的使用。习题部分主要是针对《计算机信息技术概论》进行编写，内容为：计算机基础练习、计算机组成原理练习、计算机软件练习、多媒体技术练习、计算机网络技术练习、信息与信息安全练习、数据库技术练习。本书旨在提高学生的动手操作能力，以强化操作为目的，学生主要以自学为主。

本书可作为普通高等院校本科和专科学生的教材，也可以作为高职高专、电大、自考的教材，还可以作为教师教学参考书。

图书在版编目（CIP）数据

计算机信息技术概论实验与习题／宋乃平主编．—上海：上海交通大学出版社，2006
ISBN 7-313-04574-3

Ⅰ.计...　Ⅱ.宋...　Ⅲ.电子计算机－高等学校－教学参考资料　Ⅳ.TP3

中国版本图书馆CIP数据核字（2006）第108706号

计算机信息技术概论
实验与习题
宋乃平　主编
上海交通大学出版社出版发行
（上海市番禺路877号　邮政编码200030）
电话:64071208　出版人:张天蔚
常熟市文化印刷有限公司印刷　全国新华书店经销
开本:787mm×1092mm　1/16　印张:10.75　字数:258千字
2006年9月第1版　2006年9月第1次印刷
印数:1－8 500
ISBN7－313－04574－3/TP·660　定价:19.00元

前　言

本书是与《计算机信息技术概论》配套使用的上机实验与单元练习习题，编写本书的目的是方便教师的教学与学生的学习。全书分为两个部分，一是上机实验指导,二是单元练习习题。

在上机实验中，与教学紧密结合，安排了七个单元，分别是 Windows 基本操作、Word 2000 的操作与应用、Excel 2000 的操作与应用、用 PowerPoint 2000 制作演示文稿、用 FrontPage 2000 制作网页、数据库 Access 2000 的操作、常用工具软件的使用等。

单元练习习题是按照教材的章节顺序（共七章）编写的，主要以选择题、填空题的形式出现，以巩固教学内容，强化教学效果。

上机实验中的第一单元、第二单元、第三单元由周冰编写；第四单元、第五单元由薛向红编写；第六单元、第七单元由钱运涛编写；单元练习中的第一章由宋乃平编写；第二章、第三章、第四章、第五章、第六章、第七章由高倩编写。

本书以 Windows XP 为操作平台，同时兼顾目前使用较为广泛的 Windows 2000 操作平台，除非特别说明，一般两种操作平台均可使用。对于网络实验，则需要相应的网络环境，一般为校园网或实验室的局域网。

为了适应多媒体教学的需要，我们已经准备了与教材配套的电子教案，需要有关资料的任课教师，可与编写小组联系，E-mail：snpspj@jstu.edu.cn。

编　者

2006年8月

目　录

第一部分　上机实验

第二部分　单元练习

第一部分　上机实验

第一单元　Windows 的操作实验

实验一　指法练习与 Windows 基本操作

实验目的

(1)熟悉键盘布局，掌握正确的操作方法，提高上机效率。

(2)熟悉 Windows 窗口各组成元素，熟练掌握鼠标、窗口、菜单和对话框的基本操作，使用 Windows 获取帮助。

实验内容

一、指法练习

1. 键盘结构

计算机键盘主要由主键盘区、小键盘区和功能键组构成。主键盘即通常的英文打字机用键（键盘中部）；小键盘即数字键组（键盘右侧与计算器类似）；功能键组（键盘上部 F1～F12）。

这些键一般都是触发键，不要按下不放，应一触即放。

下面将常用键的键名、键符及功能列入表 1-1 中，以供读者查阅。

表 1-1

键符	键名	功能及说明
A-Z (a-z)	字母键	字母键有大写和小写字符之分
0-9	数字键	数字键的下档为数字，上档为符号
shift(↑)	换档键	用来选择双字符键的上档字符
CapsLock	大小写字母锁定键	计算机默认状态为小写（开关键）
Enter	回车键	输入行结束、换行、执行 DOS 命令
Backspace(←)	退格键	删除当前光标左边一字符，光标左移一位
Space	空格键	在光标当前位置输入空格
PrtSc 或（PrintScreen）	屏幕复制键	DOS 系统：打印当前屏（整屏） Windows 系统：将当前屏幕复制到剪贴板
Ctrl 和 Alt	控制键	与其他键组合，形成组合功能键
Pause/Break	暂停键	暂停正在执行的操作
Tab	制表键	在制作图表时用于光标定位；光标跳格（八个字符间隔）

(续表)

F1-F12	功能键	各键的具体功能由使用的软件系统决定
Esc	退出键	一般用于退出正在运行的系统，不同软件其功能有所也不同
Del(delete)	删除键	删除光标所在字符
Ins(Insert)	插入键	插入字符、替换字符的切换
Home	功能键	光标移至屏首或当前行首（软件系统决定）
End	功能键	光标移至屏尾或当前行末（软件系统决定）
PgUp(PageUp)	功能键	当前页上翻一页，不同的软件赋予不同的光标快速移动功能
PgDn(PageDown)	功能键	当前页下翻一页，不同的软件赋予不同的光标快速移动功能

2. 指法基准键位

正确的指法是进行计算机数据快速录入的基础。学习使用计算机，也应掌握以正确的键盘操作方法为基础。

1) 正确的姿式

计算机用户上机操作时，开始就应养成良好的上机习惯。正确的姿式不仅对提高输入速度有重大影响，而且可以减轻长时间上机操作引起的疲劳。

(1) 身体应保持笔直．稍偏于键盘右方。

(2) 将全身的重量置于椅子上，座椅要旋转到便于手指操作的高度，两脚平放。

(3) 两肘贴于腋边，手指轻放在基准键上。

(4) 监视器放在键盘的正后方，原稿放在键盘左侧。

2) 正确的键入指法

基准键位是指用户上机时的标准手指位置。它位于键盘的第二排，共有八个键即 A、S、D、F、J、K、L、;。其中，F 键和 J 键上分别有一个突起，这是为操作者不看键盘就能通过触摸此键来确定基准位而设置的，它为盲打提供了方便。所谓盲打就是操作者只看稿纸不看键盘的输入方法。盲打的前提就是通过正规训练而熟练使用键盘。基准键位的拇指轻放在空格键位上。

学习计算机键盘录入，其目的就是要熟练指法，而如何掌握好指法却要花一番功夫。所谓指法，就是将计算机键盘的各个键位固定地分配给十个手指的规定。有了指法，我们使用键盘就能做到有条不紊，分工明确。根据指法规则，经过一段时间的训练，就能运指自如，得心应手，甚至做到两眼离开键盘，任意指挥自己的一个手指去击其规定的键位。

指法规定沿主键盘的 5 与 6、T 与 Y、G 与 H、B 与 N 为界将键盘一分为二，分别让左右两手管理；左右两部分从中到边分别由食指分管近中两键位（因为食指最灵活），余下的键位由中指、无名指和小拇指分别管理。自上而下各排键位均与之对应。右大拇指管理空格键。主键盘的指法分布如图 1-1 所示。

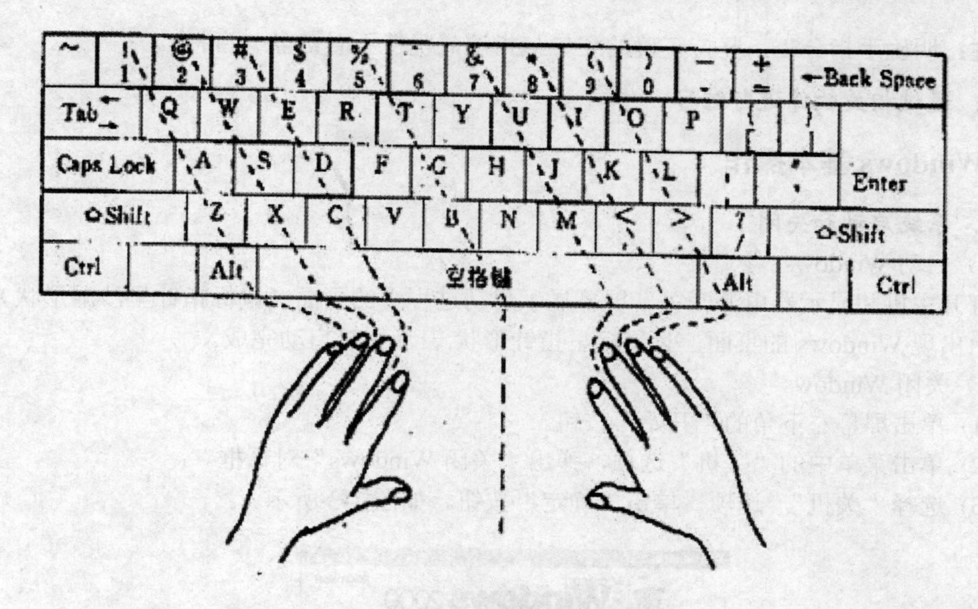

图 1-1 主键盘指法图

小键盘的基准键位是“ 4， 5， 6”，分别由右手的食指、中指和无名指负责。在基准键位基础上，小键盘左侧自上而下的“7， 4， l”三键由食指负责；同理中指负责“8，5， 2”；无名指负责“9，6，3”和“.”；右侧的“一、十、↙”由小指负责；大拇指负责“0”。小键盘指法分布图如图 1-2 所示。

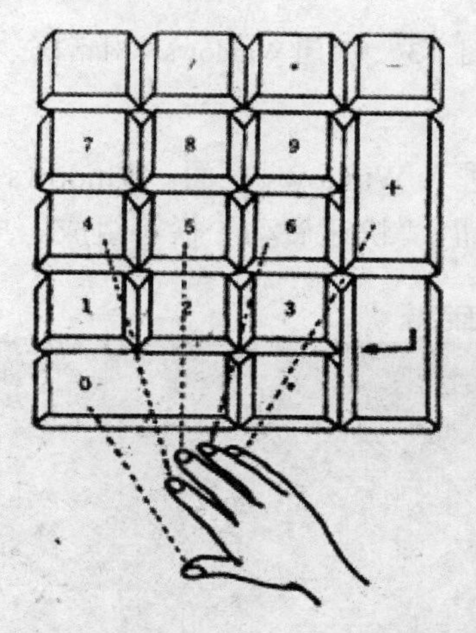

图 1-2 小键盘指法图

3. 指法和指法基础键位练习

(1) 原位键练习（A S D F 和J K L ；)。

(2) 上排键练习（Q W E R 和U I O P)。

(3) 中间键练习（T G B 和Y H N)。

(4) 下排键练习（Z X C V 和M ， . /)。

(5) 其他键练习（上档键的输入)。

注：明确手指分工，坚持正确的姿势与指法，坚持不看键盘（盲打）。

4. 通过相关软件进行练习

二、Windows 基本操作

1. 系统启动和关闭

1）启动 Windows

打开主机和显示器电源开关，屏幕显示启动过程中的画面（鼠标指针呈沙漏形状），屏幕上出现 Windows 的桌面，且鼠标呈指针形状,表示系统启动完成。

2）关闭 Windows

(1) 单击屏幕左下角的“开始”按钮。

(2) 单击菜单中的“关机”选项，弹出“关闭 Windows”对话框。

(3) 选择“关机” 选项，单击“确定”按钮。如图 1-3 所示。

图 1-3 “关闭 Windows”对话框

2. 认识 Windows

Windows 启动完成后，即进入 Windows 桌面。Windows 桌面由一组图标和一个任务栏组成。任务栏由“开始”按钮、“快速启动”栏等组成。桌面构成如图 1-4 所示。

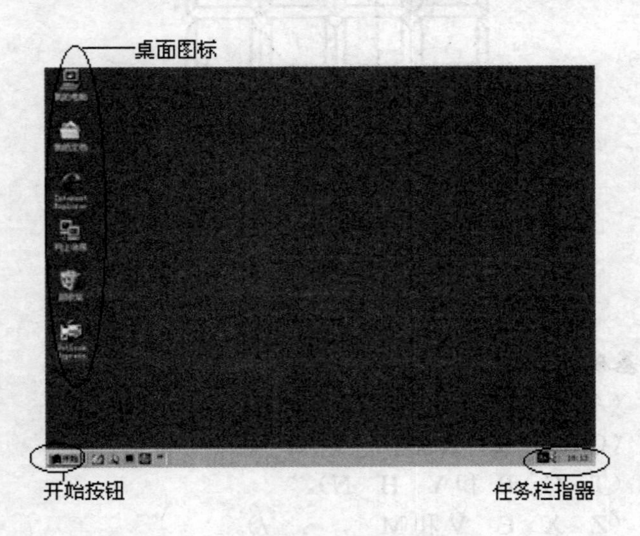

图 1-4 Windows 桌面构成

3. 鼠标的基本操作

鼠标是除键盘外的另一种向计算机发出指令的输入设备。鼠标指针标识鼠标当前在屏幕的控制位置，正如键盘“光标”标识键盘当前在屏幕的输入位置。

鼠标的基本操作有：

(1) 指向：对某个对象进行拖动、单击、右击或双击操作之前，都必须先指向该对象。

(2) 拖动：按住鼠标左键并移动鼠标到目的地，释放鼠标。

(3) 单击：按下和释放鼠标左键。

(4) 右击：按下和释放鼠标右键。

(5) 双击：连续快速两次单击。

4. 窗口、菜单和对话框的操作

(1) 双击桌面上“我的电脑”图标，打开“我的电脑”窗口，如图 1-5 所示。

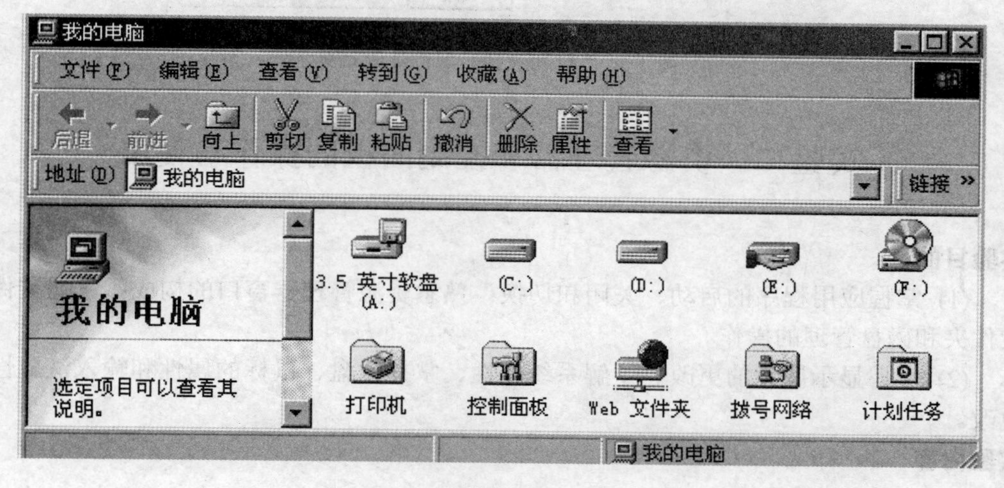

图 1-5 “我的电脑”窗口

(2) 窗口由标题栏、菜单栏、工具栏、工作区、状态栏等组成。

(3) 完成对窗口的移动、缩放、最大化、最小化等操作。

(4) 标题栏下面就是菜单栏，“我的电脑”窗口由文件、编辑、查看、转到、收藏和帮助菜单组成。如单击“查看”菜单，选择“大图标”或“列表”选项，即可实现相应的功能。

(5) 单击“我的电脑”标题栏的“关闭”按钮或单击“文件”菜单中的“关闭”选项，可关闭窗口。

(6) 对话框是特殊的窗口，不难进行最大化、最小化操作，也不能对其进行缩放。例如，双击任务栏上的系统时钟，弹出如图 1-6 所示的对话框，可以进行相应的操作。

注：为了叙述简洁和读者阅读方便，本书中后面涉及到“单击‘XX’菜单中的‘XX’选项”内容时，写为“单击‘XX’ →‘XX’选项”的形式。

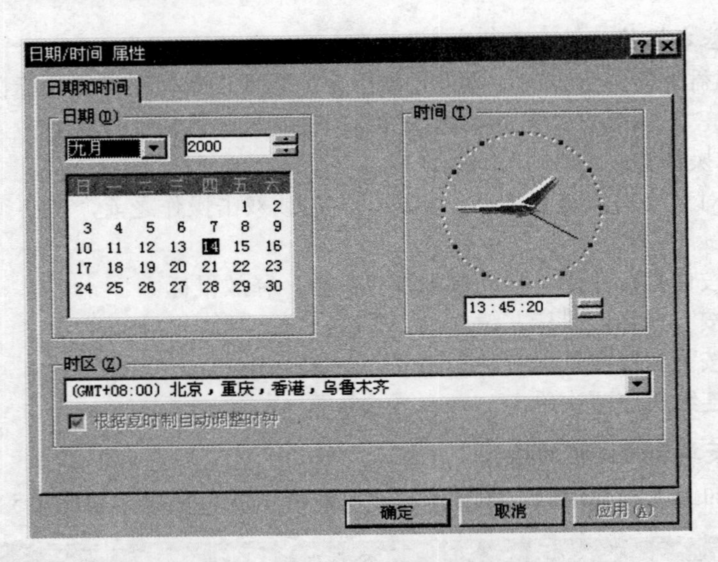

图 1-6 “日期/时间 属性”对话框

实验二　资源管理器和控制面板的操作与使用

实验目的

(1) 掌握应用程序的启动、关闭和切换；熟悉资源管理器窗口的构成；掌握文件、文件夹和磁盘管理的操作。

(2) 掌握显示属性的更改、了解系统属性、掌握键盘、鼠标的属性和输入法属性的更改。

实验内容

一、应用程序的启动与退出

1. 应用程序的启动

(1) 使用“开始”菜单启动应用程序。例如启动“记事本”应用程序。用鼠标单击“开始”→“程序”→“附件”→“记事本”选项，即可启动“记事本”程序。

(2) 使用桌面图标启动应用程序。如果桌面有应用程序图标，双击即可启动应用程序。比如双击“我的电脑”图标，即可打开“我的电脑”窗口。

(3) 使用快速启动栏启动应用程序。如果快速启动栏有应用程序图标，单击即可启动应用程序。如单击 IE 图标，即可启动 IE 浏览器。

(4) 使用资源管理器启动应用程序。

2. 应用程序的退出

关闭应用程序，只需单击应用程序窗口标题栏中的“关闭”按钮或单击“文件”→“退出”选项即可。

二、资源管理器的操作

1. 打开资源管理器

单击“开始”→“程序”→“附件”→“Windows 资源管理器”选项，打开 Windows 资源管理器窗口，如图 1-7 所示。

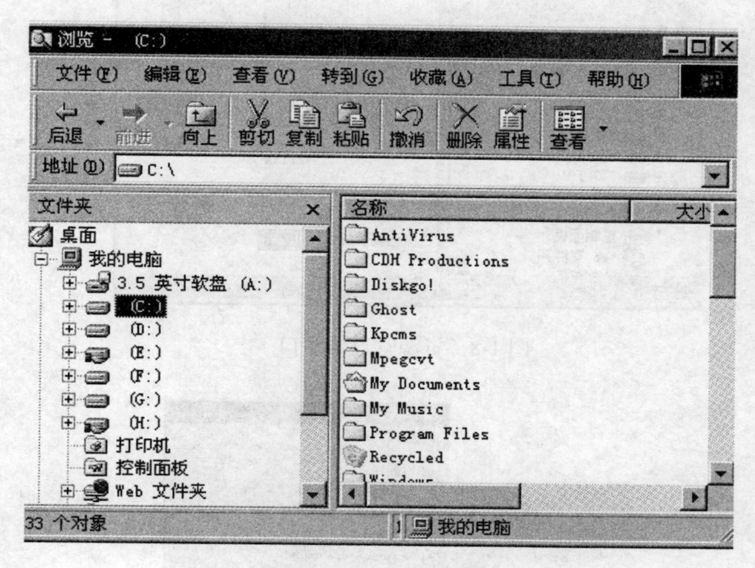

图 1-7 资源管理器窗口

2. 基本操作

(1) 调整工作区大小。移动鼠标到两个窗格中间的分隔线，拖动此分隔线可调整左右窗格大小。

(2) 更改显示方式。单击工具栏上的“查看”按钮，可以更改显示方式。

(3) 文件的排序方式选择。在右窗格的空白处右击鼠标，在弹出的快捷菜单中选择“排列图标”→“按名称”(或“按类型”、“按大小”、“按日期”)选项。

3. 文件和文件夹的操作

对资源管理器中的某个文件或文件夹进行操作前，需要先用鼠标单击此对象来选定它。

(1) 单击资源管理器左边窗格中的名称为“D”的磁盘图标，此时右边窗格中出现 D 盘中所含文件和文件夹，如图 1-8 所示。在右边窗格的空白处右击鼠标，在弹出的菜单中选择“新建”→“文件夹”选项，如图 1-9 所示。键入文件夹名称 MYDOC，按回车键确定。

(2) 再双击 MYDOC 文件夹图标可以打开此文件夹。在左边窗格中 D 盘所含的文件夹中可以发现 MYDOC 文件夹，此时文件夹图标为，表示 MYDOC 文件夹已打开，此时右边窗格内的内容为此文件夹中的内容，当然此时它刚新建，内容为空，如图 1-10 所示。在其中建立 MYSUB 子文件夹。

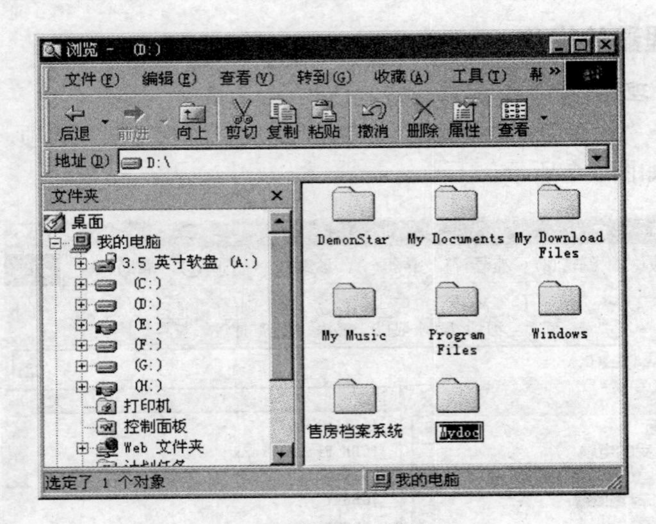

图 1-8 资源管理器窗口

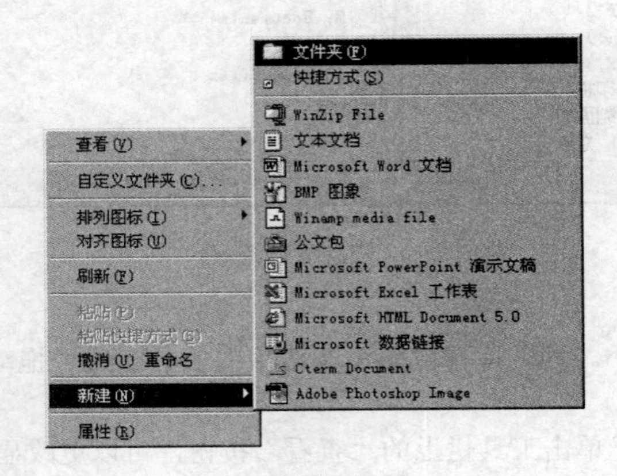

图 1-9 快捷菜单

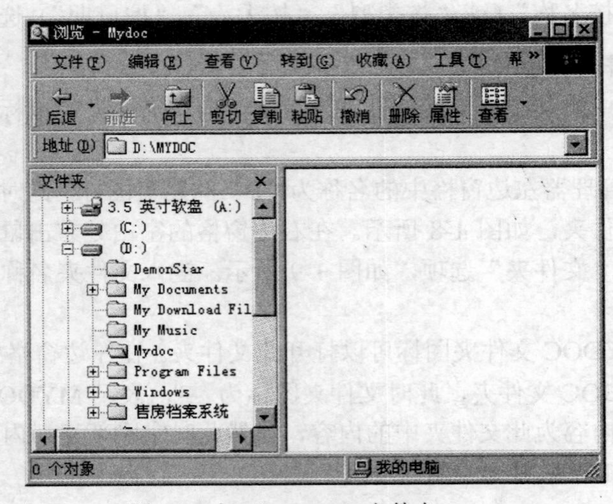

图 1-10 打开 MYDOC 文件夹

(3) 单击左边窗格中的 MYDOC 文件夹图标，在右边窗格的空白处右击鼠标，在弹出的菜单中选择“新建”→“文本文档”选项，如图 1-11 所示。输入文件名“Myfile”，如图 1-12 所示。

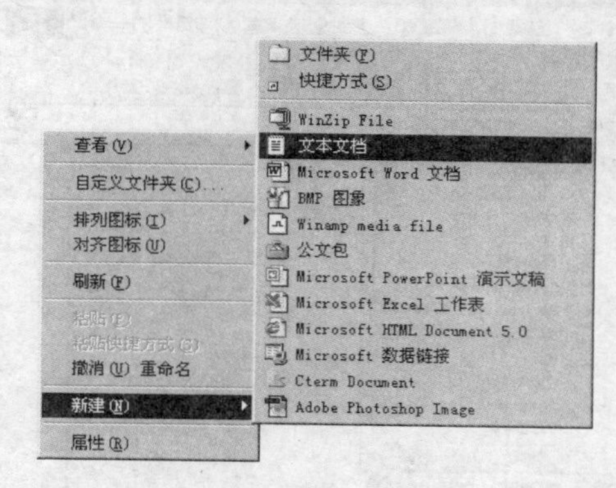

图 1-11 快捷菜单

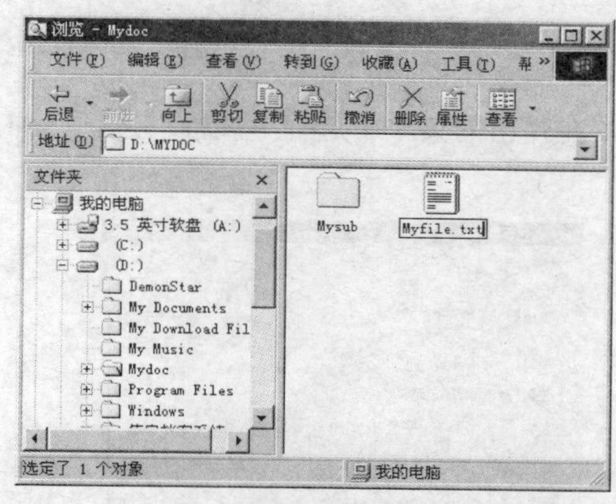

图 1-12 新建 Myfile

(4) 要移动 Myfile 文件，先选定它，拖动 Myfile 文件图标到 Mysub 文件夹图标上，释放鼠标左键，这样 Myfile 文件就被移动到 Mysub 文件夹中，如图 1-13 所示。打开 Mysub 文件夹，核查移动结果，如图 1-14 所示。

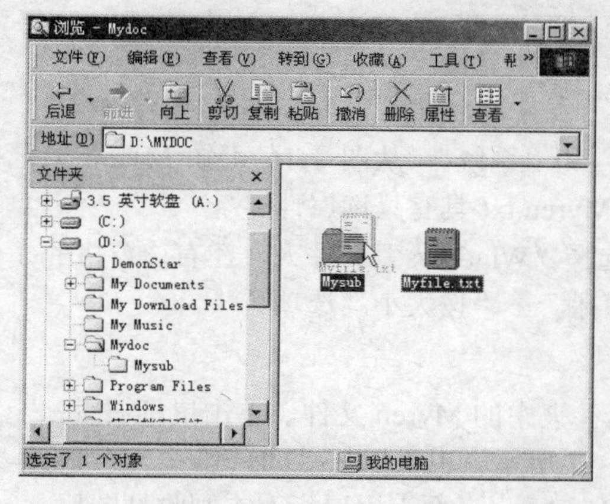

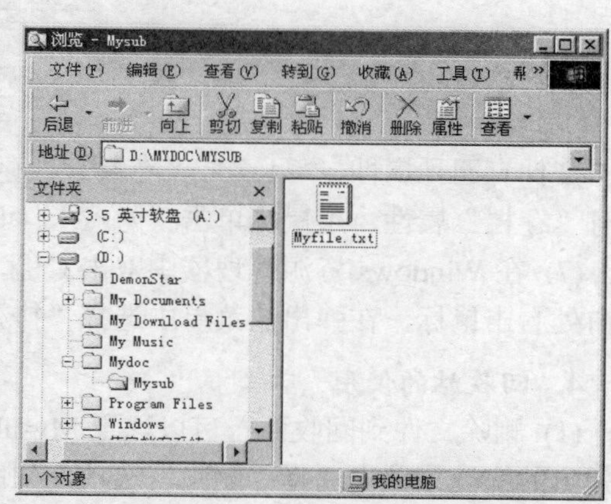

图 1-13 拖动 Myfile 到 Mysub 文件夹中的过程图　　图 1-14 拖动 Myfile 到 Mysub 文件夹中的效果

(5) 右击图 1-14 中的 Myfile 文件图标，在弹出的菜单中选择“重命名”选项，如图 1-15 所示。键入 Myren 文件名，按回车键确定。

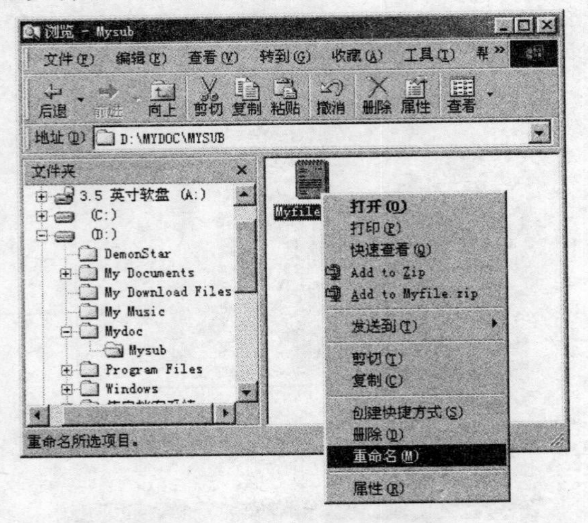

图 1-15　重命名 Myfile 文件

(6) 右击 Myren 文件，在弹出的菜单中选择“属性”选项，弹出“Myren.txt 属性”对话框，如图 1-16 所示。

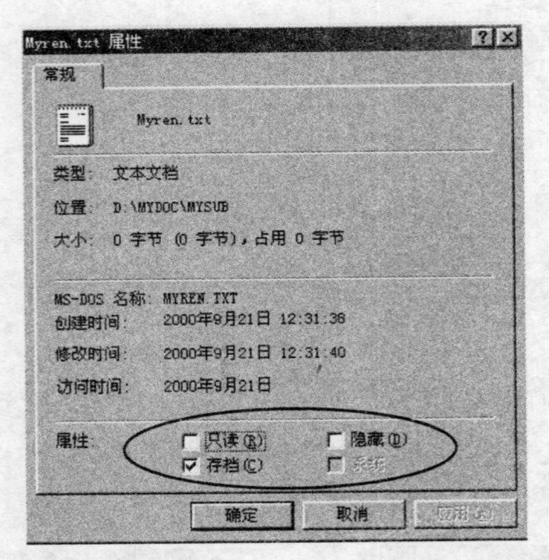

图 1-16　“Myren.txt 属性”对话框

文件有四种属性，“只读”、“隐藏”、“存档”和“系统”，从图 1-16 可知 Myren.txt 具有“存档”属性，用鼠标单击“隐藏”，可使 Myren.txt 具有只读属性。

(7) 在 Windows 资源管理器中双击 C 盘，选择“Windows”文件夹，在右边窗格的空白处右击鼠标，在弹出的菜单中选择“排列图标”→“按大小”选项。

4. 回收站的使用

(1) 删除文件到回收站。可以选定 Mysub 文件夹中的 Myren 文件，单击鼠标右键，在弹出的快捷菜单中选择“删除”选项，如图 1-17 所示。也可以按<Del>键。

(2) 恢复回收站中的文件到原来的位置。在 Windows 桌面上用鼠标双击回收站图标，打开“回收站”窗口，用鼠标右击要恢复的文件，在弹出的快捷菜单中选择“还原”选项，如图 1-18 所示。

(3) 清空回收站。在桌面上右击“回收站”图标，在弹出的快捷菜单中选择“清空”选项。

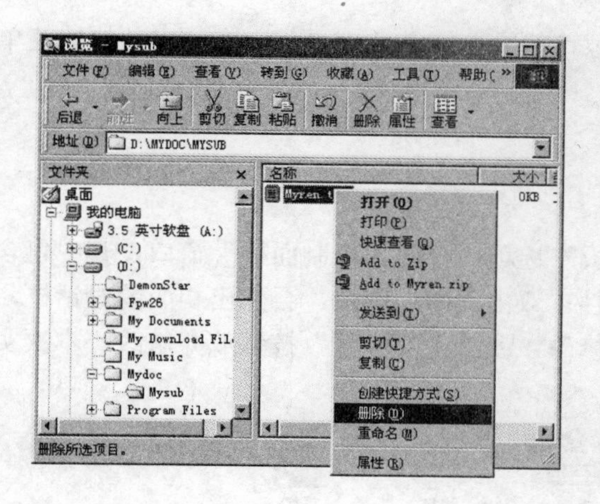

图 1-17 删除 Mysub 文件夹中的文件

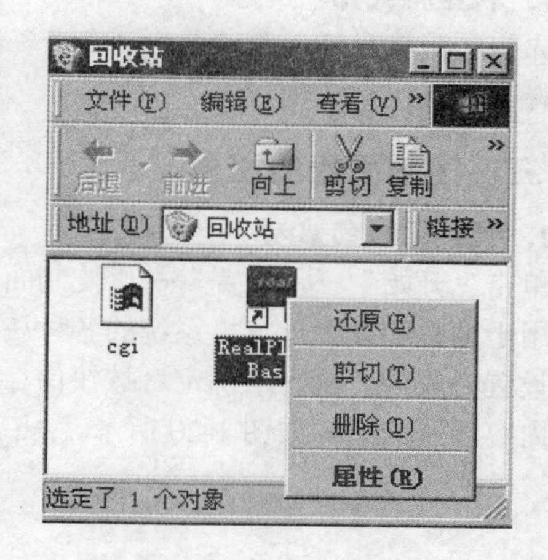

图 1-18 还原回收站中的文件

5. 文件或文件夹的查询

单击工具栏中“搜索”按钮，在资源管理器的工作区左边的“要搜索的文件或文件夹名为（M）”框中输入“*.txt”，“搜索范围（L）”设置为本地硬盘“本机硬盘驱动器”。单击“立即搜索”按钮。查找结果显示在右边窗格的下方空白区，如图 1-19 所示。

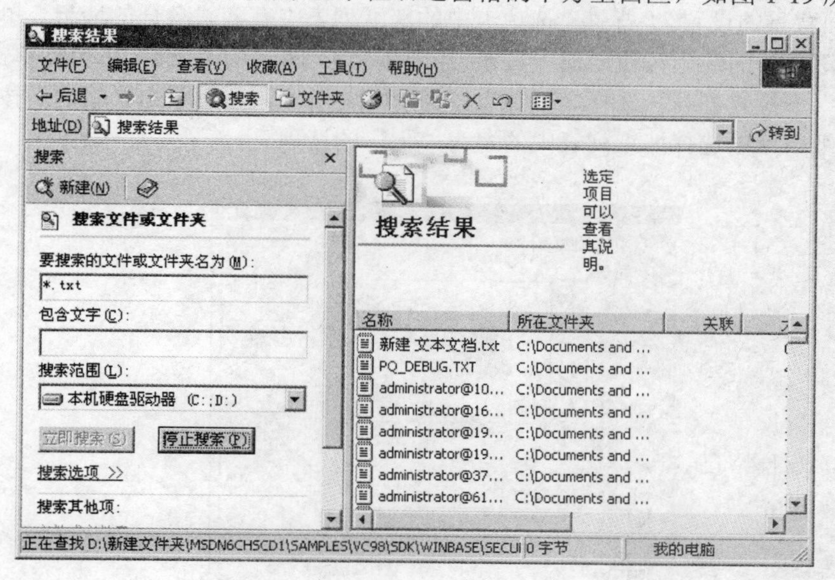

图 1-19 查找对话框

双击查找到的文件的图标，则可运行此程序。右击文件图标，在弹出的快捷菜单中选择“发送到”→“桌面快捷图标”选项，可在桌面上建立快捷方式。

6. 查看磁盘属性

单击资源管理器中的磁盘的图标，在弹出的快捷菜单中选择“属性”选项，可以查看磁盘的大小、可用空间、文件系统类型等常规属性。

7. 软盘格式化

先将一张软盘插入驱动器中，右击资源管理器中的磁盘 A 图标，在弹出的快捷菜单中选择“格式化”选项。

三、控制面板的使用

1. 控制面板的启动

单击“开始”→“设置”→“控制面板”选项，打开“控制面板”窗口，其中包含大量用于调整和设置计算机系统的各种属性。双击其中的图标，会弹出相应的对话框，用户设置完成后，单击“确定”按钮保存修改，或单击“取消”按钮放弃修改。本次实验的内容涉及的图标如图 1-20 所示。

图 1-20　控制面板中的图标

2. 显示属性的设置

在控制面板中双击“显示”图标，或者在桌面的空白处右击鼠标，从弹出的快捷菜单中选择“属性”选项，打开“显示属性”对话框。

(1) 桌面背景的设置。“背景”选项卡中的墙纸列表中有各式各样的墙纸。单击墙纸列表框右边滚动条的向上按钮或向下按钮，当看到名为 Tiles 的墙纸时，用鼠标单击该项。单击“显示”下拉式列表，选择“平铺”，如图 1-21 所示，然后单击“确定”按钮。如果要取消墙纸，可以选择墙纸列表中的名为“无”的选项。

图 1-2　设置桌面背景

(2) 屏幕保护程序的设置。选择对话框上端的“屏幕保护程序”选项卡，如图 1-22 所示。将屏幕保护程序设置为“飞行 Windows”，将等待时间修改为 10 分钟。单击“确定”按钮。

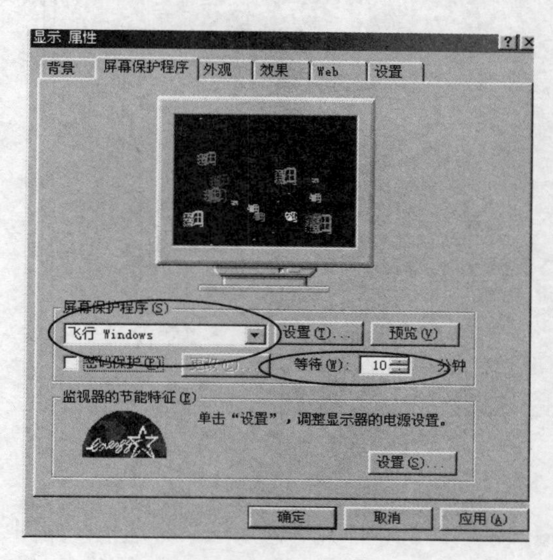

图 1-22 “显示属性”对话框屏幕保护程序设置

(3) 外观的设置。单击对话框上端的“外观”选项卡，如图 1-23 所示。在“项目”下拉列表中选择“桌面”，单击在“颜色”下拉列表选择一种颜色，单击“确定”按钮。

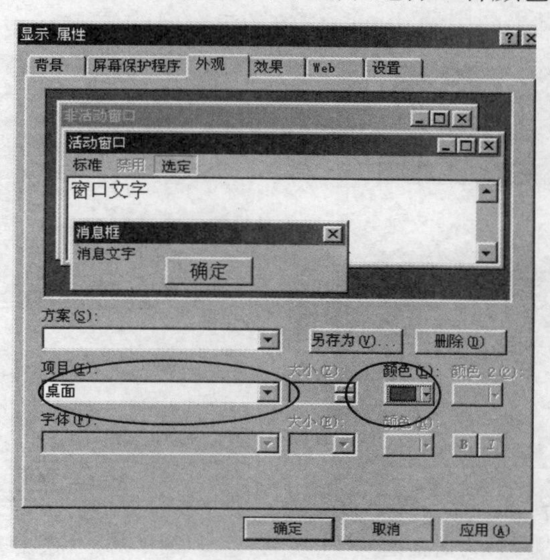

图 1-23 设置外观

(4) 分辨率和颜色设置。单击对话框上端的“设置”选项卡，如图 1-24 所示。在“颜色”下拉列表中选择“16 位色”选项，将屏幕区域设置为 800×600，单击“确定”按钮。

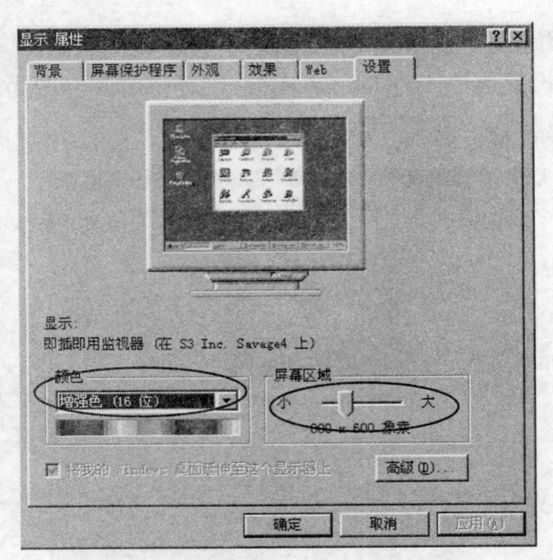

图 1-24　设置分辨率

3. 输入法的设置

双击控制面板中"输入法"图标，打开"输入法"对话框，如图 1-25 所示。单击"添加"按钮，可以添加新的输入法。单击"删除"按钮，可以删除输入法。

4. 设置键盘和鼠标属性

(1)　双击控制面板中"键盘"图标，打开"键盘"对话框，如图 1-26 所示。拖动滑块，可以调整光标在屏幕中的闪动速度和字符的重复时间等。

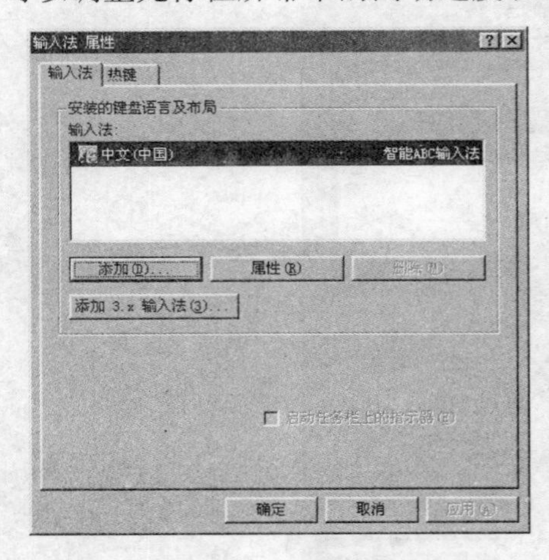

图 1-25　"输入法 属性"对话框

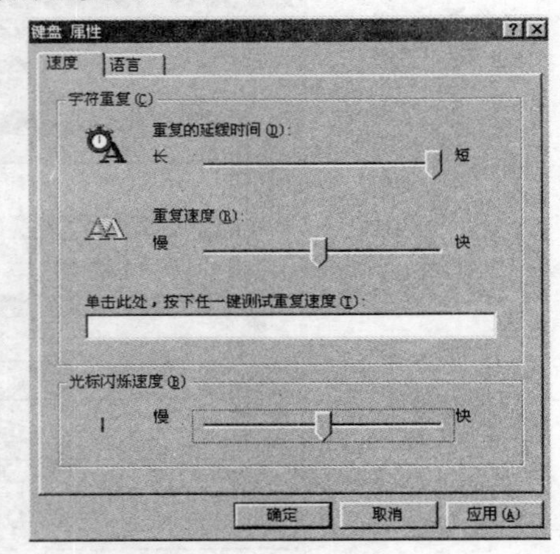

图 1-26　"键盘 属性"对话框

(2) 双击控制面板中"鼠标"图标，打开"鼠标"对话框，如图 1-27 所示。拖动"双击速度"下的滑块，改变双击速度，双击"测试区域"中的小盒，如果双击成功，会从盒中弹出一个卡通小丑。单击对话框上端的"移动"选项卡，如图 1-28 所示，拖动"指针速度"下的滑块，改变指针速度，即移动鼠标时，屏幕上的鼠标指针的移动速度。最后单击"确定"按钮。

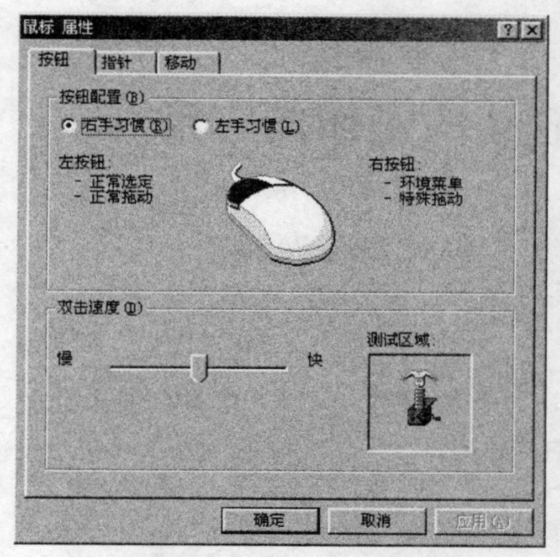

图 1-27 “鼠标 属性”窗口按钮设置

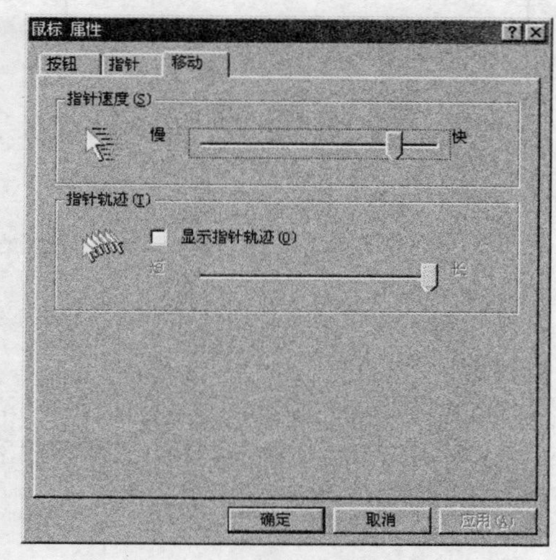

图 1-28 “鼠标 属性”窗口移动设置

5. 显示系统信息

(1) 双击控制面板中“系统”图标，打开“系统特性”对话框。如图 1-29 所示，可以在图中看到 Windows 2000 的版本信息以及内存容量（图中为 64M）。

(2) 单击对话框中“设备管理器”选项卡，可以查看计算机安装的硬件设备信息，如图 1-30 所示。

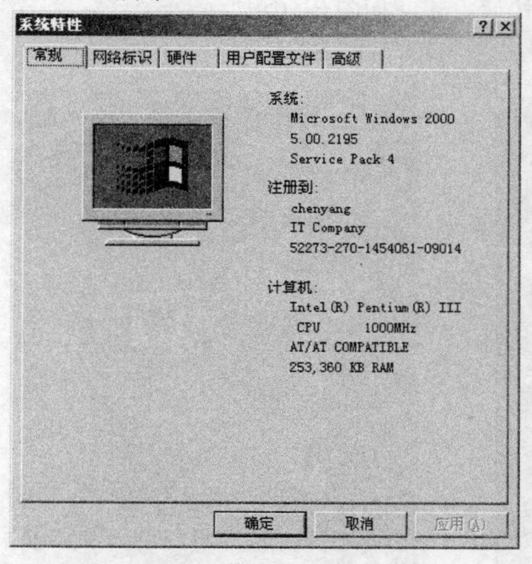

图 1-29 “系统 特性”对话框

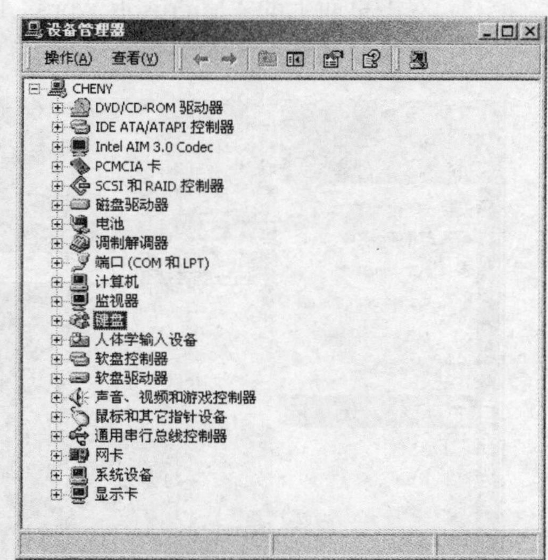

图 1-30 “设备管理器”窗口

第二单元　Word 2000 的操作与应用

实验一　Word 2000 的基本操作与版面设计

实验目的

(1) 掌握 Word 2000 的启动和退出， Word 文档的新建、保存、打开等方法。

(2) 掌握 Word 2000 文档的文字和段落的排版编辑。字体的设置与改变，段落的设置与改变，页眉、页脚和页面设置。

实验内容

一、Word 2000 的启动及操作界面

1. Word 2000 有多种启动方式

(1) 单击 “开始”→“程序”→“Microsoft Word”选项，如图 2-1(a)所示，单击后运行 Word 2000。

(2) 双击桌面上的“Microsoft Word”的快捷方式，如图 2-1(b)所示。

(3) 直接打开要编辑的 Word 文档（扩展名为*.DOC 或*.RTF）等。

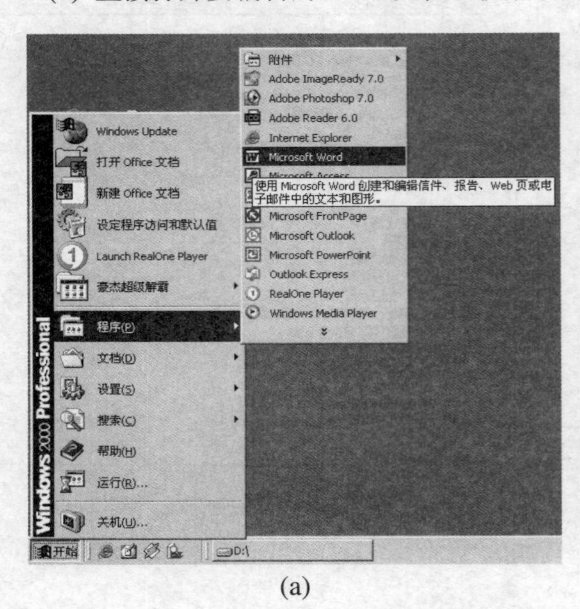

(a)

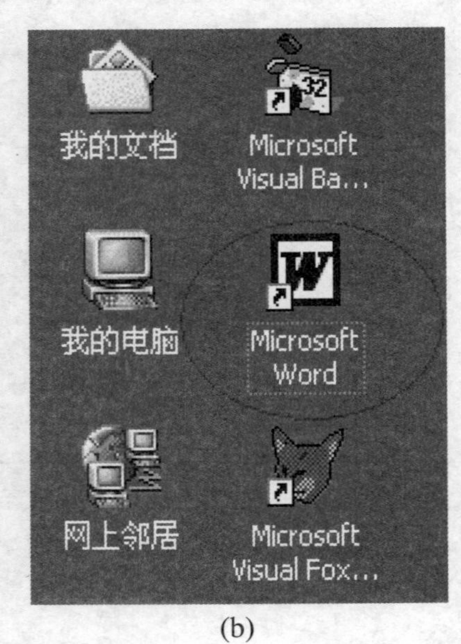

(b)

图 2-1 Word 2000 的启动图标

2. Word 2000 操作界面简介

启动 Word 2000 后，自动创建一个空白文档，如图 2-2 所示。从图中可以看出，Word

2000 的操作界面主要由标题栏、菜单栏、工具栏、状态栏、控制按钮、滚动条、视图方式按钮、水平垂直标尺等部分组成。

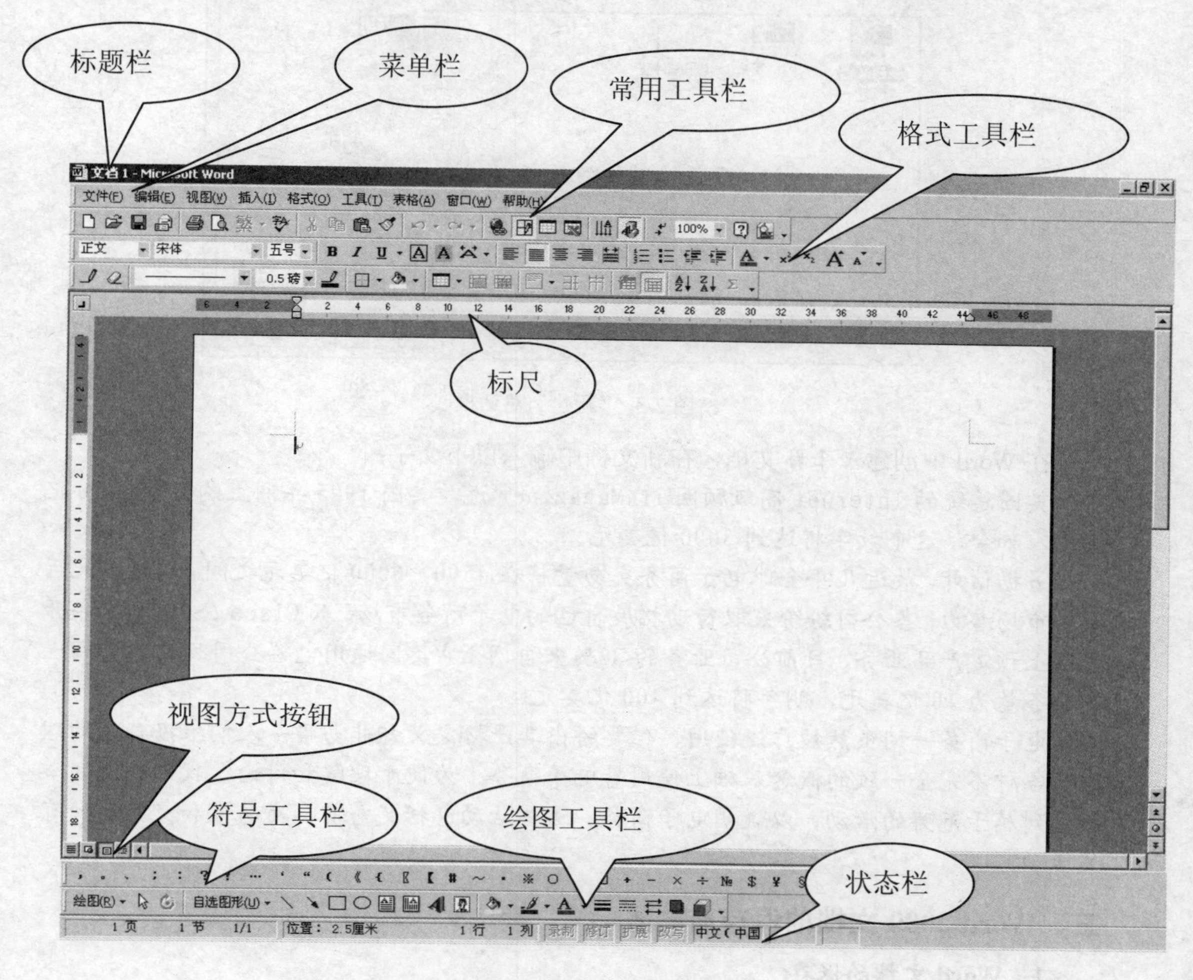

图 2-2 Word 2000 操作界面

二、在 Word 2000 中创建文档

1. 自动创建

在启动 Word 后，Word 自动新建一个空文档，缺省的文件名为“文档 1”，显示在窗口的标题栏上。这时就可以选择一种汉字输入法，在工作区中输入文字了。工作区中插入点所在的位置就是输入文字的位置，插入点随着文字的输入逐渐往后移动，当它到达最右端时会自动跳转到下一行。只有在一个段落结束时才按回车键（<Enter>）。如果在一个段落中换行，可按<Shift>+<Enter>组合键。

2. 利用“文件”菜单中的“新建”选项创建文档

单击“文件”→“新建”选项，弹出“新建”对话框，如图 2-3 所示。可根据需要创建相应的文档或模板，选择后点击“确定”按钮即可。

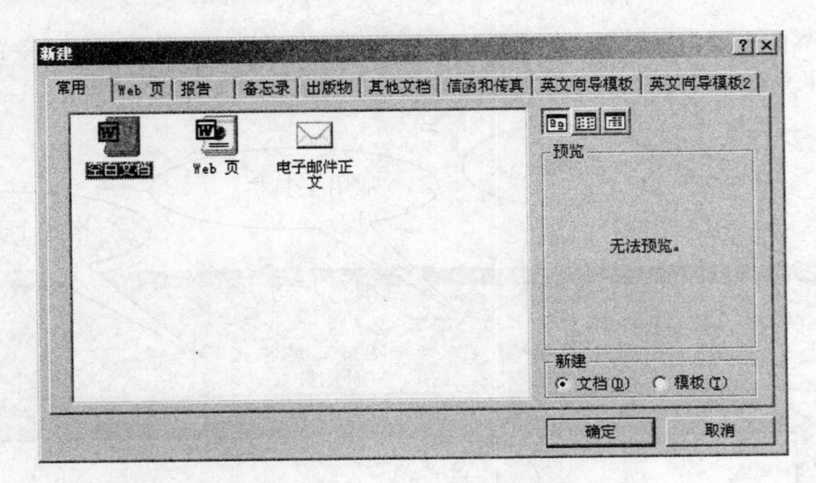

图 2-3 “新建”对话框

在 Word 中创建一个新文档，在新文档中输入以下文字：

美国总统的 Internet 高级顾问 IraMagaziner 说，美国 1995 年网上购买量仅 20 亿美元，如今，这个数字将达到 3000 亿美元。

另据估计，最近几年全球电子商务交易量将在 4500～6000 亿美元之间。面对如此巨大的市场潜力，各公司纷纷采取行动拓展自己的电子商务市场。如 Cisco 公司 1996 年开始网上预定产品业务，目前公司业务的 32％来自网上。美国通用电器公司目前内部网上的业务量为 10 亿美元，明年将达到 400 亿美元。

电子商务一词虽然被广泛使用，但要给出其严格定义却非易事。人们根据自己的理解在各种不完全一致的概念基础上使用着电子商务。为便于理解和讨论，我们在此列举一系列属于范畴的活动，以说明电子商务。这些活动包括交易前、交易中和交易后的有关活动。

三、Word 2000 文档的保存与关闭

1. Word 文档的保存

新建文档后输入的内容暂时全部保存在机器的内存中，系统关闭或断电后将自行消失。应将输入的文档及时保存到本地磁盘上，以防其他意外情况出现，还可供今后再次编辑。

将上述文档以“电子商务.doc”为文件名保存到文件夹 D 盘的 LX 中。

(1) 在 D 盘上新建一个文件夹，名称为“LX”。

(2) 单击 Word 2000 中“文件”→“保存”选项，或直接按下<Crtl>+S 组合键，均会弹出“另存为”对话框，如图 2-4 所示。

(3) 在“保存位置”下拉列表框中（见图 2-4 中(1)处）的选择“本地磁盘 D”下的文件夹“LX”。

(4) 在“文件名”框中输入文档的名称“电子商务.doc”（见图 2-4 中(2)处）。

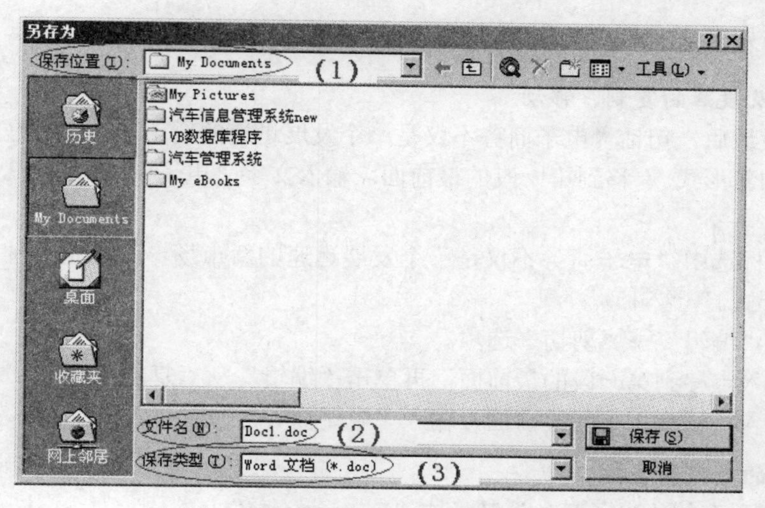

图 2-4 另存为对话框

(5) 在“保存类型”下拉框中选择文档要保存的类型。缺省的文件类型为 Word 文档（见图 2-4 中(3)处）。

(6) 单击“保存”按钮后，文档将被保存到相应位置。

2. Word 文档的关闭

如果关闭“电子商务.doc”文档，可以（1）文档编辑结束后，单击文档窗口标题栏上的“关闭”按钮，关闭该文档；或者（2）单击“文件”→“退出”选项即可退出 Word。

请利用 Windows 资源管理器在 D 盘的 LX 文件夹中打开“电子商务.doc”，确定所输入的内容是否保存好。

对“电子商务”文档进行编辑修改，已达到录入完整无误，再次存盘。

四、Word 文档的排版编辑

1. 文字的插入、修改与删除

(1) 在 Word 窗口中单击“文件”→“打开”选项，打开“电子商务”文档。

(2) 检查文档，利用插入、改写、删除（<Del>、<Backspace>）等对文档中的错字、漏字、加字进行修改。请在文章第二段的最后插入以下语句：

“电子商务不仅是一个发展迅速的新市场，而且是一种替代传统商务活动的新形式。”

(3) 移动插入点到需要修改的位置，按<Ins> 键将状态栏上的“插入”状态转为“改写”状态（此时状态栏上的“改写”标志为黑色），然后输入正确的文本，错误的文本被正确的文本代替。将文章第一段中“3000 亿美元”修改为“3208 亿美元”。

(4) 移动插入点到需要修改的位置，按<Ins> 键转回到“插入”状态（此时“改写”标志为灰色），然后输入要插入的文本。在文章第一段中“20 亿”后插入“美元”两字。

(5) 删除插入点左侧的一个字符用<Backspace>键；删除插入点右侧的一个字符<Del>键。在文章第三段中重复的“电子商务亿”删除掉一个。

确认文档中没有错误后，单击“常用”工具栏上的“保存”按钮，再次保存文档。

由于是再次保存，不会弹出“另存为”对话框。

2. 文字及段落的复制、移动

将第二段最后一句话“电子商务不仅是一个发展迅速的新市场，而且是一种替代传统商务活动的新形式。”移到第一段的最前面。输入文字“电子商务”，使其成为正文的第一段。

(1) 用鼠标选中“电子商务不仅是一个发展迅速的新市场，而且是一种替代传统商务活动的新形式。”这句话。

(2) 单击“编辑”→“剪切”选项。

(3) 将插入点移到第一段的最前面，再单击“编辑”→“复制”选项。

(4) 将插入点移到正文的最前面，输入“电子商务”，然后按回车键。

3. 文字的查找和替换

将正文中所有的“电子商务”替换成“E-commerce”。

(1) 在打开的“电子商务”文档中，将插入点移到第二段的最前面。

(2) 单击“编辑”→“替换”选项，弹出的“查找和替换”对话框。

(3) 在“查找内容”处输入“电子商务”，替换处输入“E-commerce”，如图 2-5 所示。

(4) 单击“高级”按钮，“搜索范围”选择“向下”，然后单击“全部替换”选项，这时正文中的“电子商务”全部被替换了。

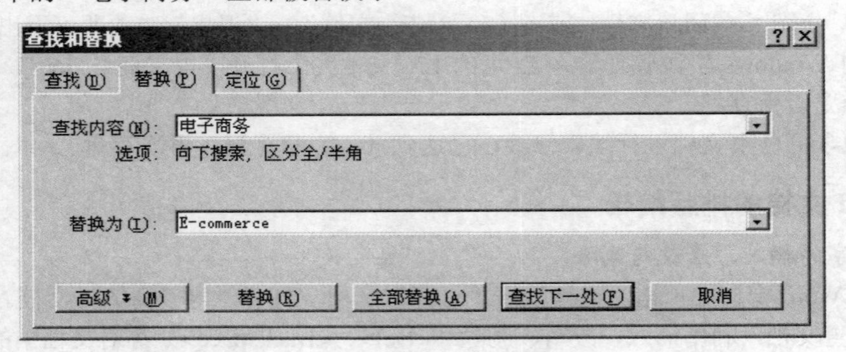

图 2-5 “查找和替换”对话框

4. 段落格式的排版编辑

按下列步骤及要求编辑“电子商务”文档。

(1) 将光标移至标题首部，拖曳鼠标左键至标题尾，使标题被选中。

(2) 单击“格式”→“字体”选项，在弹出的“字体”对话框中单击“字体”选项卡中的“中文字体”下拉框，选择“楷体”，在“字号”处选择“小一”号，“字形”选择加粗。单击“确认”按钮后退出对话框。

(3) 拖曳鼠标使需要设置格式的正文被选中，用鼠标单击“格式”工具栏上的“字体”下拉框，选择“宋体”；单击格式工具栏上的“字号”下拉框，选择“小四”号。

(4) 选中第一段，单击“格式”→“字体”选项，在弹出的“字体”对话框中单击“字体”选项卡中的“下划线”下拉框，选择双下划线，单击“确认”按钮。

(5) 选中第二段中的“另据估计，……”一句，单击“格式”→“字体”选项，在弹出的“字体”对话框中单击“字体”选项卡中的“着重号”下拉框，选择“。”选项，单击“确认”按钮。

(6) 选中第三段最后一句加边框和底纹，依次单击“格式”工具栏上的“边框”和“底纹”按钮。

(7) 先将“40 亿美元”改为“4*1010 美元”。

(8) 选中后一个“10”，单击“格式”→“字体”选项，单击“字体”选项卡中的“上标”效果，确认后退出。

(9) 将插入点移到“4500”之后，单击“插入”→“符号”选项，弹出“符号”对话框。

(10) 在“字体”下拉框中选择“西文字体”，在“子集”下拉框中选择“基本拉丁语”，如图 2-6 所示。

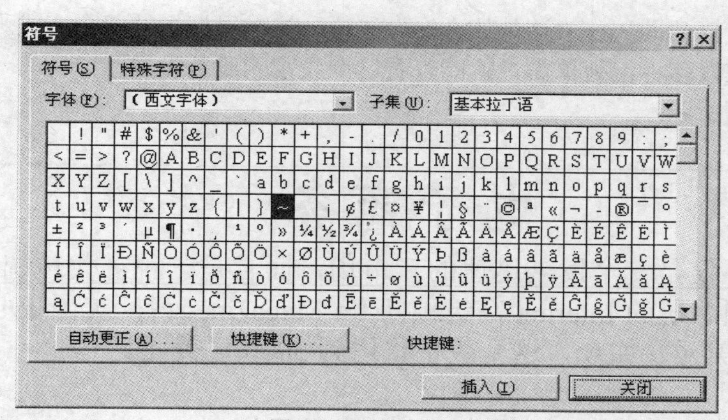

图 2-6 “符号”对话框

(11) 单击要插入的符号，单击“插入”按钮两次，插入两个该符号，单击“关闭”按钮退出。

(12) 保存文档后，可退出 Word。

5. 首行缩进的设置

1) 使用标尺对第一段进行首行缩进设置

(1) 将光标移到第一段中。

(2) 如果看不到水平标尺，可单击“视图”→“标尺”选项。

(3) 拖动水平标尺左端的“首行缩进”标记，可改变文本第一行的左缩进。

2) 用菜单对第二段进行段落缩进设置

(1) 将鼠标移到第二段。

(2) 单击“格式”→“段落”选项，弹出“段落”对话框，如图 2-7 所示。

(3) 选择“缩进和间距”选项卡，在左缩进框中的数值修改为“3 字符”，右缩进框中的数值修改为“4 字符”，段前间距的数值修改为“1 行”，行距的设置为“1.5 倍行距”。

(4) 单击“确认”按钮。

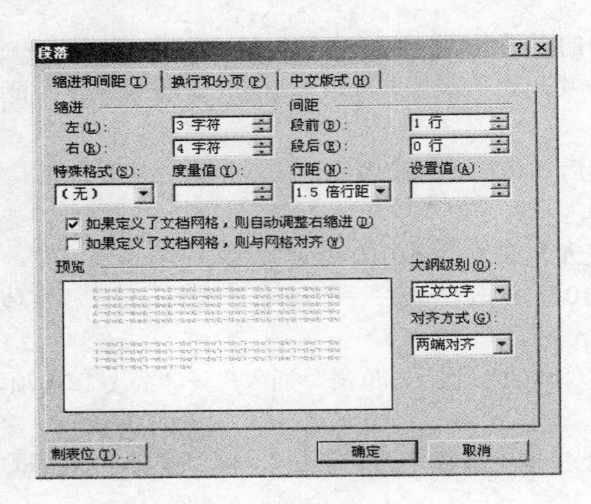

图 2-7 “段落”对话框

用户可以单击“帮助”→“这是什么？”选项，这时鼠标指针就会变成一个箭头加问号形状，然后在段落标记处单击，就能查看这个段落的段落设置。

实验结果如下所示：

电子商务

电子商务不仅是一个发展迅速的新市场，而且是一种替代传统商务活动的新形式。美国总统的 Internet 高级顾问 Ira Magaziner 说，美国 1995 年网上购买量仅 20 亿美元，如今，这个数字将达到 3000 亿美元。

另据估计，最近几年全球电子商务交易量将在 4500~6000 亿美元之间。面对如此巨大的市场潜力，各公司纷纷采取行动拓展自己的电子商务市场。如 Cisco 公司 1996 年开始网上预定产品业务，目前公司业务的 32%来自网上。美国通用电器公司目前内部网上的业务量为 10 亿美元，明年将达到 $4*10^{10}$ 美元。

电子商务一词虽然被广泛使用，但要给出其严格定义却非易事。人们根据自己的理解在各种不完全一致的概念基础上使用着电子商务。为便于理解和讨论，我们在此列举一系列属于电子商务范畴的活动，以说明电子商务。这些活动包括交易前、交易中和交易后的有关活动。

6. 页眉/页脚设置

(1) 单击“视图”→“页眉和页脚”选项。

(2) 在页眉区输入文字“电子商务的发展”，然后单击“页眉和页脚”工具栏上的“在页眉和页脚间切换”按钮，插入点移到页脚区，如图 2-8 所示。

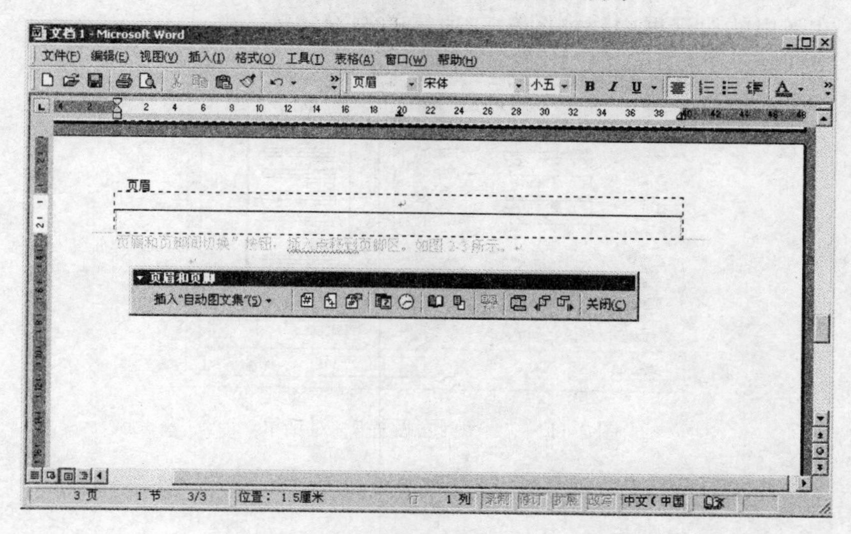

图 2-8 “页眉和页脚”工具栏

(3) 使插入点在页脚区，单击“插入”→“页码”选项，弹出“页码”对话框，如图 2-9 所示。

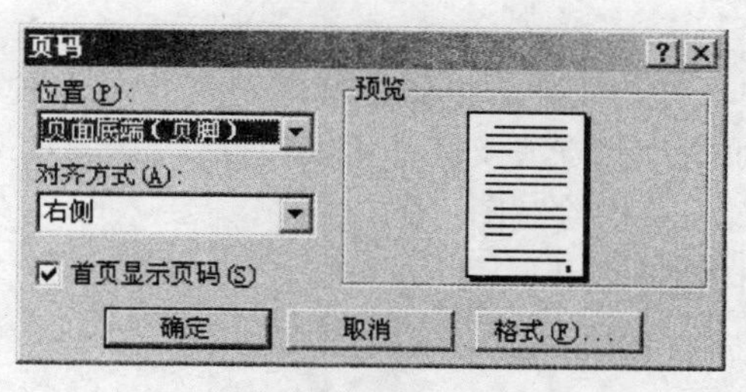

图 2-9 “页码”对话框

(4) 选择一种对齐方式；单击“格式”按钮，弹出“页码格式”对话框，如图 2-10 所示。

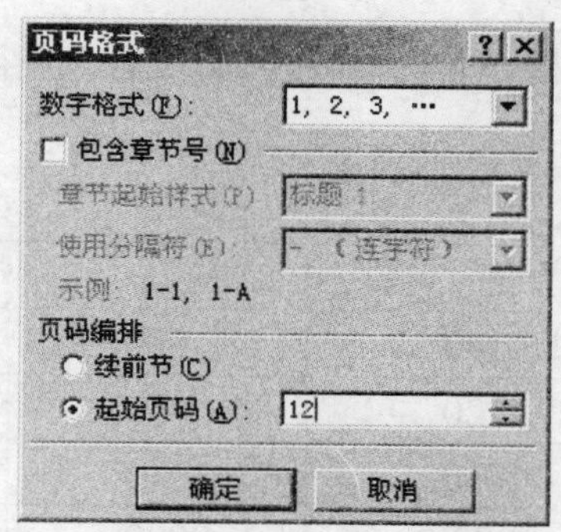

图 2-10 “页码格式”对话框

(5) 选择一种数字格式，在“起始页码”中输入“12”，确认后退出。

(6) 单击“文件”→“页面设置”选项，将文档的页面设置为 16 开的纸，并将文档的上、下边距调整为 2.2cm，左、右边距调整为 3.0 cm，然后将文档以相同的文件名另存到软盘。在弹出的对话框中作如图 2-11 所示的设置。

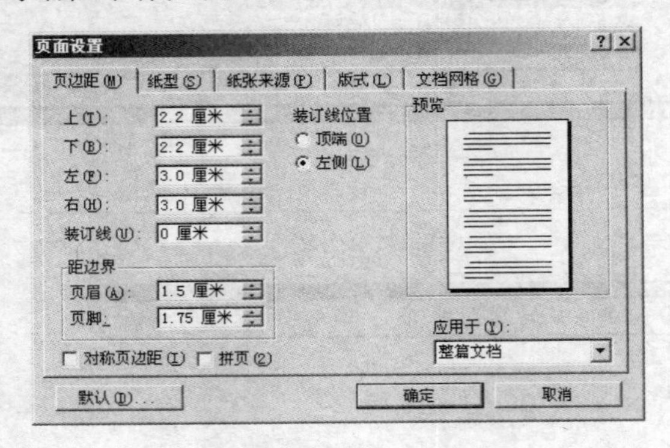

图 2-11　　“页面设置” 对话框

实验二　使用表格和图形编辑

实验目的

(1) 掌握 Word 文档中表格的制作、编辑方法。

(2) 了解插入艺术字和图片的方法及其基本编辑操作。

(3) 掌握利用“绘图”工具栏绘制图形的方法。

(4) 掌握图文框和文本框的使用。

实验内容

实验 2.1　Word 2000 中表格的使用

一、表格的建立

(1) 建立如表 2-1 所示的表格，并以 table 为文件名（保存类型为“Word 文档”）保存在用户文件夹 LX 中。

表 2-1

品牌	一季度（台）	二季度（台）	三季度（台）
长虹	1140	930	1560
康佳	1120	850	1250
海信	1030	910	1050
TCL	900	800	820
创维	850	780	820
海尔	1000	900	930

① 移动插入点到要插入表格的位置。

② 单击“常用”工具栏上“插入表格”按钮。

③ 按住鼠标左键并拖动指针，拉出一个7行4列的带阴影的表格，释放鼠标左键，Word工作区中出现一个7行4列的表格。

(2) 数据的输入

① 插入点移至表格中的单元格A1（第1行第1列），输入“品牌”。

② 用方向键或Tab键使插入点移至单元格B1（第1行第2列），输入“一季度（台)”；……直至输入整张表格的内容。

注意：表格中的行编号依次为1，2，3，4，…；列的编号依次为A，B，C，D，…；单元格的编号为列号+行号。

二、表格的编辑和简单的数据处理

1. 表格的编辑

(1) 将插入点置于第四列的某个单元格中。

(2) 单击“表格”→“插入”→“列（在右侧）”选项，输入列标题“平均销售量”。

(3) 将插入点置于表格的最后一行的某个单元格中。

(4) 单击“表格”→“插入”→“行（在下方）”选项，输入行标题“合计”。如表2-2所示。

(5) 将插入点移至表格中的最后一行第2列（单元格B8）。

表2-2

品牌	一季度（台）	二季度（台）	三季度（台）	平均销售量
长虹	1140	930	1560	
康佳	1120	850	1250	
海信	1030	910	1050	
TCL	902	800	820	
创维	850	780	820	
海尔	1000	900	930	
合计				

2. 简单的数据处理

(1) 单击“表格”→“公式”选项，弹出“公式”对话框（见图2-12），输入公式“=sum(above)”或者“=C2+C3+C4+C5+C6+C7”；其他单元格类似。

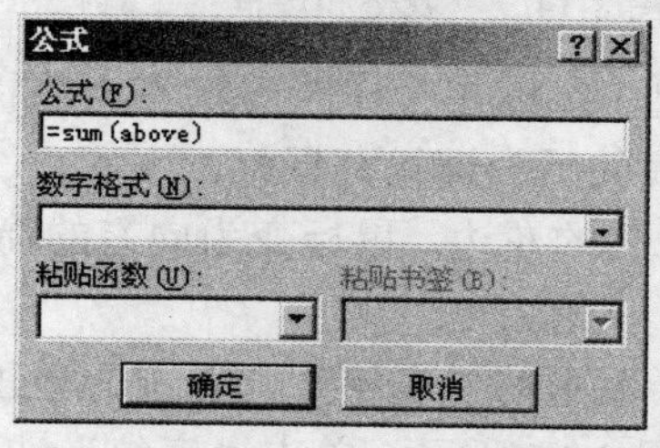

图2-12 “公式” 对话框（1）

(2) 单击“表格”→“公式”选项，弹出“公式”对话框，如图 2-13 所示，输入公式“=AVERAGE(Left)”；其他单元格类似。

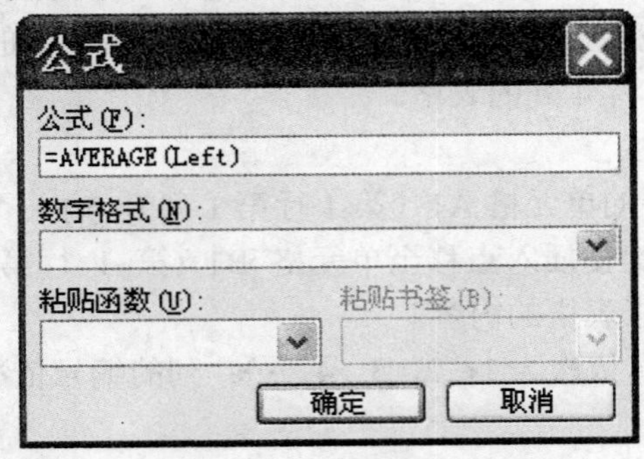

图 2-13　“公式” 对话框（2）

Word 2000 表格的数据处理与 Excel 2000 有许多相似之处，更复杂的数据处理可参考 Excel 2000 的数据处理，这里只做一些简单的数据处理。

3. 标题设置

(1) 将插入点置于第一行的某个单元格中。

(2) 单击“表格”→“插入”→“行（在上方）”选项，表格最前面增加一行。

(3) 选中第一行的所有单元格。

(4) 单击“表格”→“合计单元格”选项，选中的单元格合并为一个单元格。在此单元格中输入“2005 年江南商场彩电销售表”。

(5) 单击“格式”工具栏上的“分散对齐”按钮。

4. 表格格式

(1) 将插入点置于表格中。

(2) 单击“表格”→“表格属性”，弹出“表格属性”对话框。

(3) 单击“表格属性”对话框中的“行”选项卡，设置第一行的行高为 1.5cm。

(4) 打开“表格和边框”工具栏，设置“实线”线型，粗细为 0.5 磅，如图 2-14 所示。

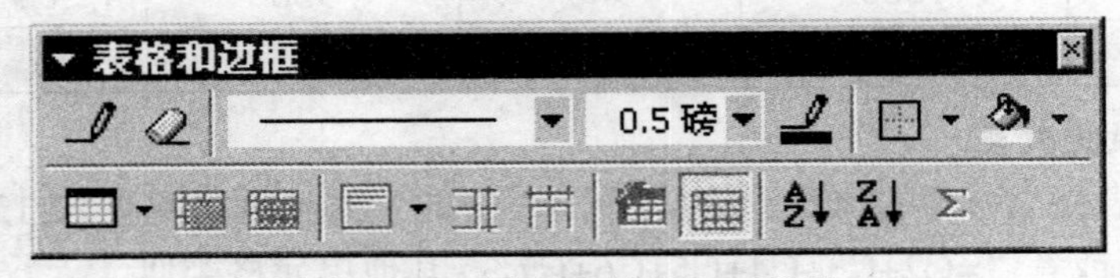

图 2-14　“表格和边框”工具栏

(5) 单击“绘制表格”按钮，鼠标在工作区形状变为笔状，将鼠标从需要修改线型的直线的一端按下，拖动到直线的另一端松开鼠标。

(6) 将鼠标移动到表格第一列的左边，鼠标变为向右的箭头；使鼠标指向最后一行，单击左键，选中最后一行。

(7) 单击“表格属性”对话框中的“表格”选项卡，单击“边框和底纹”按钮，弹出“边框和底纹”对话框，如图 2-15 所示。单击“底纹”选项卡，选择颜色和式样。

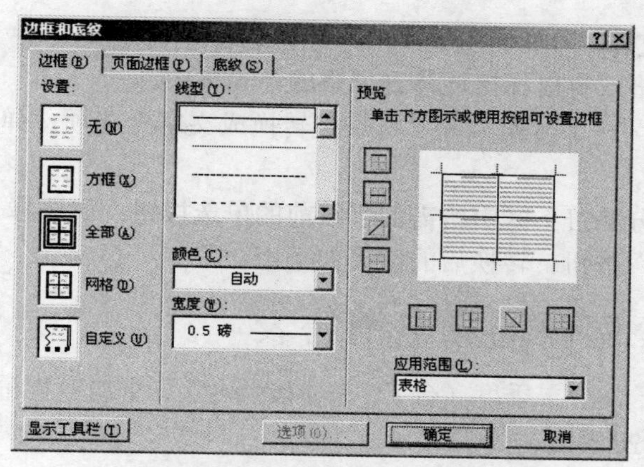

图 2-15 “边框和底纹” 对话框

5. 排序

(1) 选中第二至第七行的所有单元格。

(2) 单击“表格”→“排序”选项，弹出“排序”对话框，如图 2-16 所示。

(3) 在“排序”对话框中的“列表”下选择“有标题行”，排序依据选择“一季度（台）”（列标题），按递增顺序排列。

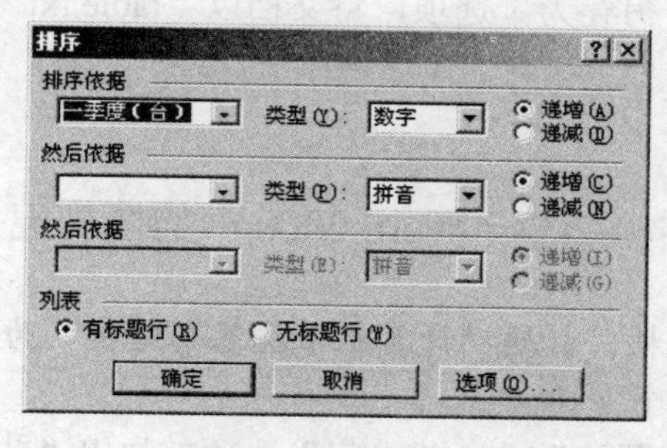

图 2-16 “排序”对话框

table.doc 文档编辑结果如表 2-3 所示。

表 2-3

2006 年江南商场彩电销售表				
品牌	一季度（台）	二季度（台）	三季度（台）	平均销售量
创维	850	780	820	816.67
TCL	902	800	820	840.67
海尔	1000	900	930	943.33
海信	1030	910	1050	996.67
康佳	1120	850	1250	1073.33
长虹	1140	930	1060	1043.33
合计	6042	5170	5930	

三、表格转换成文本

(1) 选定整个表格或将鼠标指针移到表格的单元格中。

(2) 单击“表格”→“转换”→“将表格转换成文字”选项，弹出“将表格转换成文字”对话框。

(3) 单击“文本分隔符”区中所需的字符前的单选按钮；如选择“逗号”。

(4) 单击“确认”按钮。转换后的结果如下：

2006 年江南商场彩电销售表

品牌, 一季度（台）, 二季度（台）, 三季度（台）, 平均销售量

创维, 850, 780, 820, 816.67

TCL, 902, 800,820,840.67

海尔, 1000, 900, 930,943.33

海信, 1030, 910, 1050,996.67

康佳, 1120, 850, 1250,1073.33

长虹, 1140, 930, 1060,1043.33

合计, 6042, 5170, 5930

(5) 单击“文件”→“另存为”选项，将文档以“table.txt”为文件名保存在文件夹 LX 中。

实验 2.2　Word 2000 中的图文混排

1. 新建一个 Word 文档，标题“计算机系统基本结构”为艺术字体

(1) 在 Word 中新建一个文档。

(2) 单击“插入”→“图片”→“艺术字”选项，弹出“艺术字库”对话框。

(3) 选择一种艺术字样式，再单击“确认”按钮。

(4) 在弹出的“编辑艺术字文字”对话框中输入“计算机系统基本结构”，单击“确认”按钮。

(5) 得到如图 2-17 所示的艺术字。

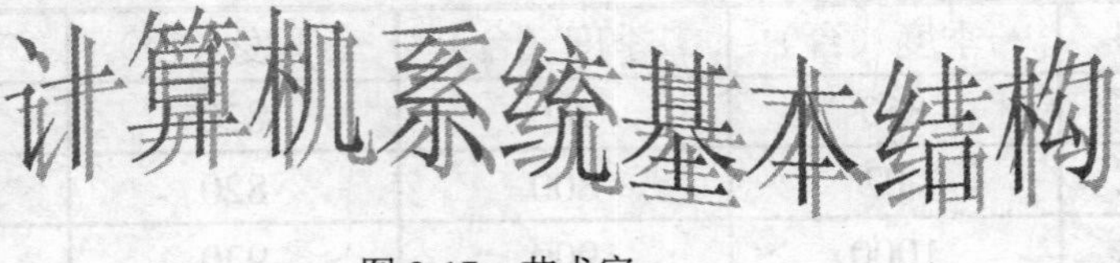

计算机系统基本结构

图 2-17　艺术字

2. 插入剪贴画

(1) 单击“插入”→“图片”→“剪贴画”选项，弹出“插入剪贴画”窗口。

(2) 在“图片”选项卡的类别框中选择“办公室”类别，单击“办公室”按钮，窗口中将出现该类别中所有的剪贴画。

(3) 将鼠标移到“计算机”剪贴画，在出现的按钮框中选择“插入剪辑”按钮（第一个），剪贴画即可插入到文档中。

(4) 在文档中单击插入的剪贴画，将鼠标指针移到一个控点上，鼠标指针形状变为双箭头，拖动鼠标将图片缩小。

(5) 在选中图片的情况下，单击“格式”→“图片”选项，弹出“设置图片格式”对话框，如图 2-18 所示。

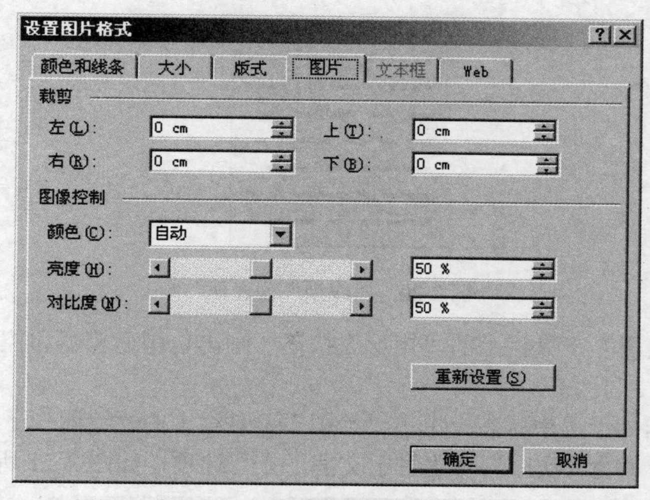

图 2-18 “设置图片格式”对话框

(6) 用鼠标单击“版式”选项卡，选择“四周型”环绕方式，单击“确认”按钮。

(7) 将鼠标移到图形上，按下鼠标左键，拖动鼠标，将图片移到适当位置。

3. 绘制计算机结构图

(1) 如果窗口中没有显示“绘图”工具栏（见图 2-19），请在窗口中打开“绘图”工具栏。

图 2-19 “绘图”工具栏

(2) 单击“绘图”工具栏上的“(横排)文本框”按钮或“插入”→“文本框”→“横排”选项。

(3) 鼠标指针在工作区内显示为“+”型，在适当位置按下鼠标左键，拖动鼠标，将出现一个矩形框随鼠标的移动而改变大小，在适当的位置松开鼠标左键，出现的矩形框就是文本框。

(4) 在文本框中输入文字。

(5) 重复上述(2)～(4)步骤，完成五个文本框的输入。

(6) 单击“绘图”工具栏上的“箭头”按钮。

(7) 鼠标指针在工作区内显示为“+”型，在适当位置按下鼠标左键，拖动鼠标，将出现一个箭头，在适当的位置松开鼠标左键。

(8) 重复第（7）步，画出所有的箭头。

(9) 单击“绘图”工具栏上的“直线”按钮，画出图中的直线（图中的折线是由多条直线组成的）。

(10) 单击图中需要设置为虚线的一条直线，再单击“绘图”工具栏上的“虚线线型”按钮，选择第二种类型，改直线为虚线，如图 2-20 所示。

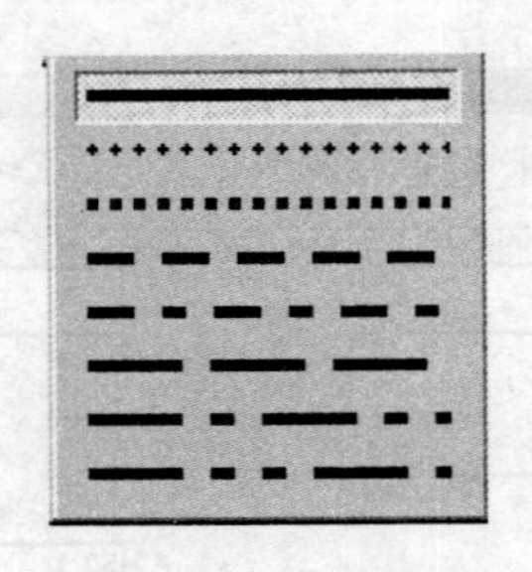

图 2-20 “线型”列表框

(11) 单击“绘图”工具栏上的“矩形”按钮，画出包围运算器和控制器的矩形框，矩形框将文字覆盖。

(12) 使矩形框处于选中状态，单击“绘图”工具栏上的“绘图”下拉按钮，在弹出的下拉菜单中选择“叠放次序”→“衬于文字下方”选项，如图 2-21 所示。

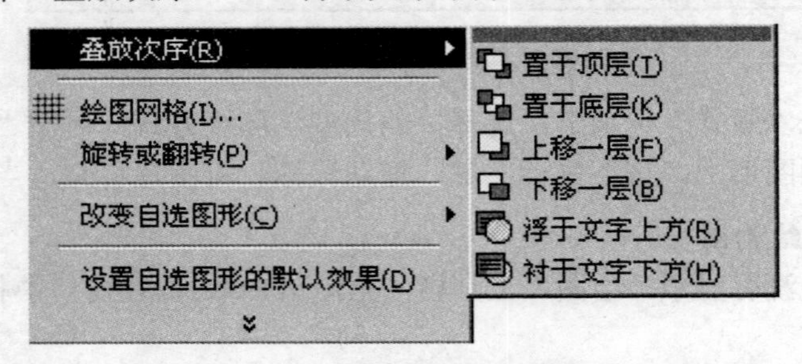

图 2-21 “叠放次序”级联菜单

(13) 使矩形框处于选中状态，选择“3 磅”；单击“绘图”工具栏上的“虚线线型”按钮，选择“长划线-点-点”(最后一种)。

(14) 使矩形框处于选中状态，单击“格式”→“自选图形”选项，弹出“设置自选图形格式”对话框，在“颜色和线条”选项卡中的填充颜色设置为无填充颜色。

(15) 单击“绘图”工具栏上的“选择对象”按钮，鼠标指针在工作区内显示为箭头型，在适当位置，按下鼠标左键，拖动鼠标将出现一个虚线框，移动鼠标改变虚线框的大小以包含所有图形对象，然后松开鼠标左键，所有图形对象被选中。

(16) 单击“绘图”工具栏上的“绘图”下拉按钮，在弹出的下拉菜单中选择“组合”选项。多个对象组合后，作为一个整体不能被修改，如果需要修改，必须取消组合。

计算机由运算器、控制器、存储器、输入设备和输出设备五个基本部分组成，也称计算机的五大部件，其结构如图 2-22 所示。

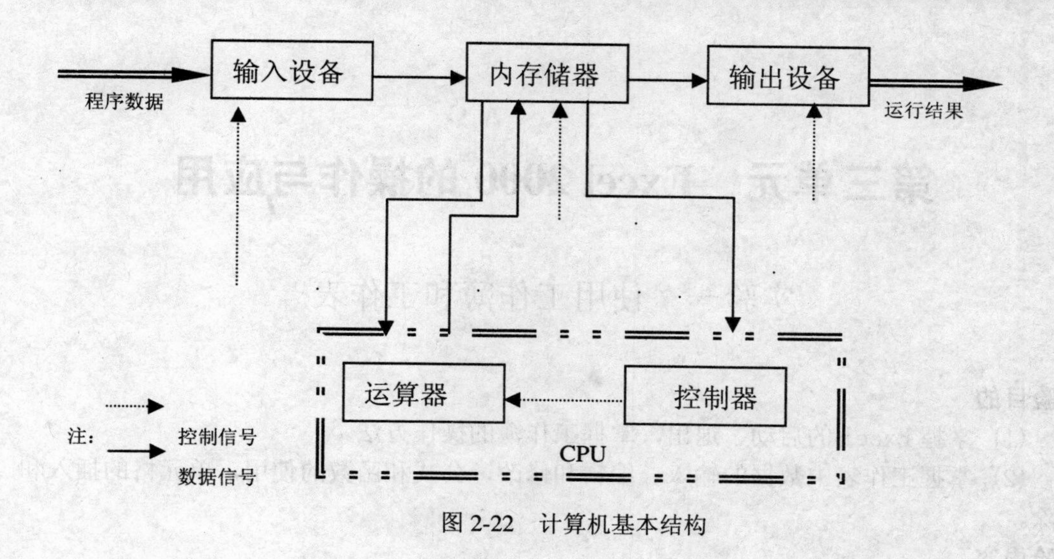

图 2-22 计算机基本结构

第三单元　Excel 2000 的操作与应用

实验一　使用工作簿和工作表

实验目的

（1）掌握 Excel 的启动、退出，掌握工作簿的操作方法。

（2）掌握工作表中数据的输入、编辑和修改，公式和函数的使用，单元格的插入和删除。

实验内容

一、Excel 的基本操作步骤

1. Excel 的启动与退出

(1) Excel 的启动。启动 Windows 后，单击“开始”→“程序”→“Microsoft Excel”选项，可启动 Excel 2000，也可以在桌面上双击 Excel 2000 的快捷图标。

(2) Excel 的退出。在 Excel 2000 窗口中单击“文件”→“退出”选项，可退出 Excel。或单击 Excel 标题栏最右端的关闭按钮。

2. 了解熟悉 Excel 的用户界面

除了多了一个编辑栏及工作区和状态栏有所不同外，Excel 与 Word 的用户界面非常类似。

工作表名字标签位于状态栏上，如图 3-1 所示。

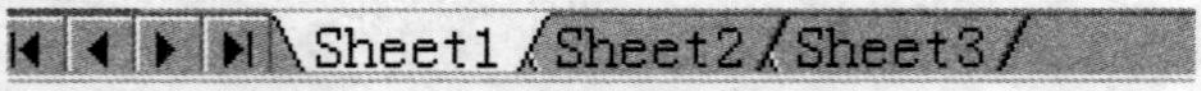

Sheet1 / Sheet2 / Sheet3

图 3-1　工作表名字标签

可根据实际需要对工作表进行增、删或重命名操作。通过在工作表名字上单击鼠标可在不同工作表之间切换。如果要切换的工作表名字没有在当前工作表名字标签中，可通过滚动按钮来移动工作表标签。

3. 新建和保存工作簿

在工作表名字标签上单击 Sheet1 使 Sheet1 成为当前工作表，再逐个单元格地输入图 3-2 给定的数据。

Excel 启动后，系统将自动打开一个名为“book1”的新工作簿。任何时候，要建立一个新的工作簿文件，有下列两种方法。

单击“文件”→“新建”选项，可建立一个新的工作簿文件“bookn”，n 是使用“新建”选项后依次命名的序号，这个暂时的新文件名可在存盘时根据需要进行修改。

成绩单

	A	B	C	D	E	F	G
1	学　号	姓　名	性别	语文	数学	外语	政治
2	9939001	张三	男	88	102	98	85
3	9939002	李四	男	96	110	95	78
4	9939003	刘雍	男	100	120	75	94
5	9939004	李向阳	男	98	88	78	95
6	9939005	赵四	女	92	95	98	91
7	9939006	肖燕	女	76	55	60	62
8	9939007	田田	女	100	118	105	98
9	9939008	左子煜	女	106	96	94	88
10	9939009	王力	男	86	82	78	76
11							

Sheet1 / Sheet2 / Sheet

图 3-2　向工作表中输入数据

单击常用工具栏上的“新建”按钮，Excel 会自动产生一个新工作簿“bookn”，n 依前面新建工作簿的序号而定。

向工作簿的工作表中输入数据或进行处理后可将其保存到磁盘上或关闭工作簿。

(1) 保存工作簿。

① 单击“文件”→“保存”选项。

② 如果当前工作簿是一个新建的工作簿，系统会出现“另存为”对话框，在对话框中为当前工作簿确定一个文件名，然后单击“保存”按钮。

如果当前工作簿是原来已存在的工作簿，则系统直接保存而不出现“另存为”对话框。

(2) 关闭工作簿。

① 单击“文件”→“关闭”选项。

② 此前还没有保存在工作簿中修改的内容，系统将弹出一个对话框，询问是否保存已修改的内容，单击“是”按钮保存修改内容，单击“否”放弃本次修改的结果。

在本实验中，由于启动 Excel 时系统自动新建了一个“book1”的新工作簿，所以在“保存”时，会出现“另存为”对话框，在对话框中给定新建的工作簿的文件名为“成绩单”，然后按“确定”按钮。最后单击“关闭”按钮或单击“文件”→“退出”选项即可退出 Excel。

(3) 打开一个工作簿。再次启动 Excel 2000，单击“文件”→“打开”选项或工具栏上的“打开”按钮，在如图 3-3 所示的“打开”对话框中双击“成绩单.xls”文件或先单击“成绩单.xls”文件再单击“打开”按钮，打开“成绩单”工作簿文件。

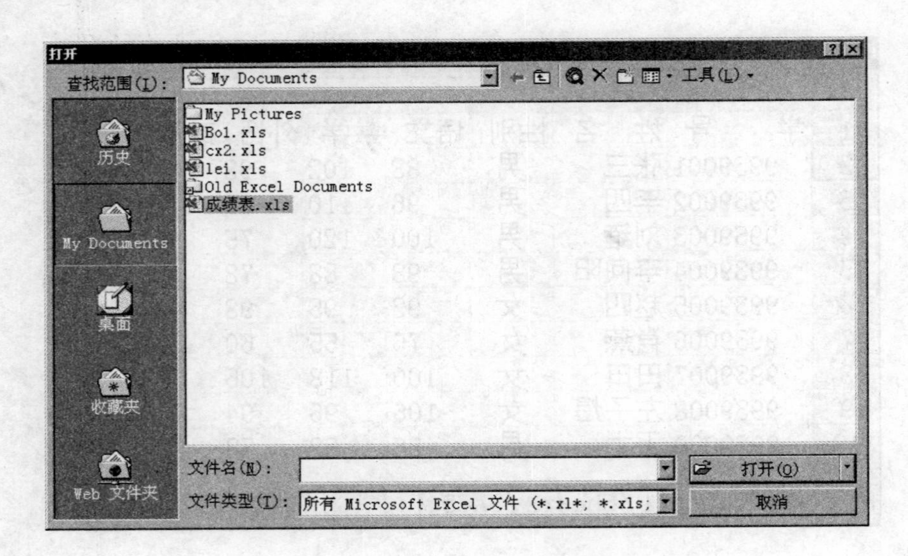

图 3-3 “打开”对话框

打开一个工作簿文件有两种方法：用菜单选项或用工具栏上的按钮。打开工作簿文件的具体操作步骤如下：

① 单击“文件”→“打开”选项，或单击“打开”工具按钮，出现打开对话框。

② 在“查找范围”下拉列表中，选中要打开工作簿所在的驱动器和文件夹并双击之，要打开的工作簿就出现在查找范围下方的列表框中。在列表框中选定要打开的工作簿文件名，单击“确定”按钮，或双击要打开的文件。若要打开最近使用过的工作簿，则可直接单击“文件”菜单，该下拉菜单的底部列出了最近刚使用过的多个文件。若要打开的工作簿在“文件”菜单中，直接单击它就可以了。

4. 插入工作表

方法(1)：先选中欲在其前面插入工作表的工作表 Sheetl，右击鼠标，在弹出的快捷菜单中单击“插入”选项，即出现“插入”对话框，如图 3-4 所示。

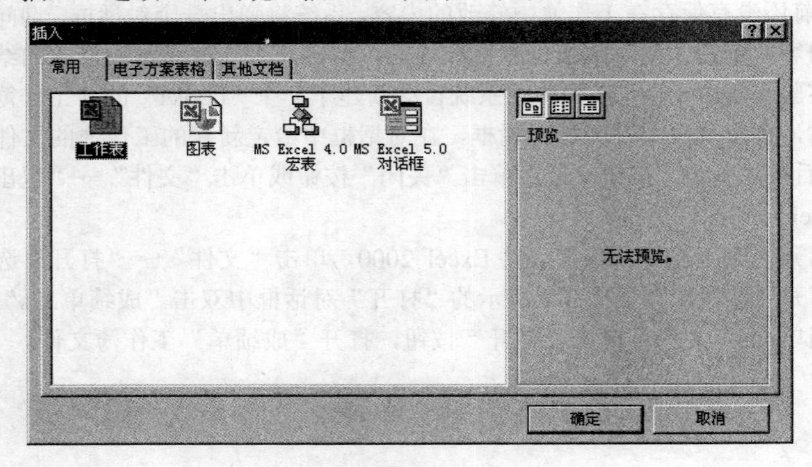

图 3-4 “插入”对话框

在“常用”选项卡中选中“工作表”，然后单击“确定”按钮即可在 Sheet1 前插入一张空白工作表，系统自动给该表命名为 Sheet4。

方法(2)：也可通过单击“插入”→“工作表”选项来完成。

5. 重命名工作表

选中 Sheet1 为当前工作表，右击鼠标，在弹出的快捷菜单中选择“重命名”选项，即可进行“重命名”操作，直接输入“成绩单”即将 Sheet1 改名为“成绩单”。

6. 移动工作表

选中“成绩单”工作表为当前工作表，右击鼠标，在快捷菜单中选择“移动或复制工作表”选项出现相应对话框，如图 3-5 所示。在对话框中选择 Sheet3，单击“确定”按钮。

7. 删除工作表

选中 Sheet4 为当前工作表，利用快捷菜单中的“删除”选项即可将 Sheet4 删除。

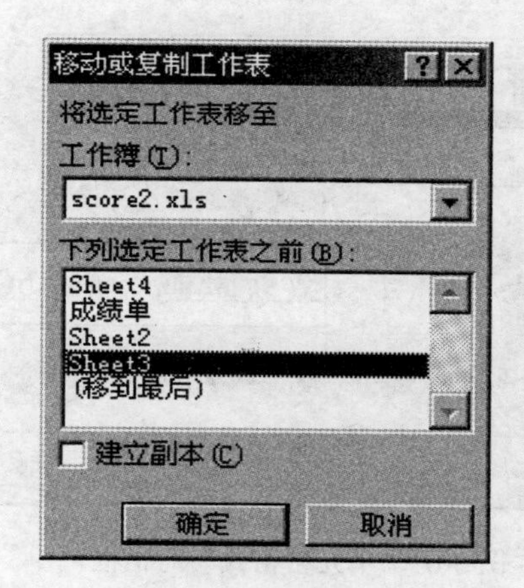

图 3-5 “移动或复制工作表”对话框

8. 复制工作表

参照 6 的操作将“成绩单”工作表移动至最前面，在“移动或复制工作表”对话框中选中“建立副本”复选钮。

9. 窗口的拆分

利用“窗口”菜单进行拆分，也可利用鼠标进行拆分。

方法(1)： 利用“窗口”菜单拆分。

首先选定活动单元格的位置，该单元格将成为进行拆分的分割点，再单击“窗口→“拆分窗口”选项，系统将自动在选定单元格处将工作表分为四个独立的窗格。

方法(2)：用鼠标进行拆分。

将鼠标指针移动到垂直滚动条的顶端或水平滚动条的右端的拆分框上，按下鼠标左键，拖动鼠标指针到工作表中要进行拆分的单元格上，然后释放鼠标按钮。

撤消窗口拆分：单击“窗口”→“撤消拆分窗口”选项即可。

冻结拆分窗口：先确定活动单元格的位置，确定的单元格将成为冻结点，在该点上和该点左边的所有单元格将冻结，并一直保留在屏幕上。再单击“窗口”→“冻结拆分窗口”选项即可。

撤消窗口冻结：当建立了冻结窗口后，“窗口”菜单中的“冻结拆分窗口”选项将变成“撤消冻结窗口”选项，单击该选项即可。

10. 工作表的格式化操作

(1) 先选中 A1 单元格并向右拖动鼠标直至整个表格的宽度，然后单击工具栏上的“合并及居中”按钮，仍保持 A1 单元格为活动单元格，右击鼠标，在弹出的快捷菜单中选择“设置单元格格式”选项（或单击“格式”→“单元格”选项）即出现“单元格格式”的设置窗口，该窗口包括六个选项卡，选择“字体”选项卡设置字体为“仿宋 GB2312”、字形为“加粗”、字号为“18”、下划线为“单下划线”、颜色为“青色”，如图 3-6 所示，单击“确定”按钮完成操作。

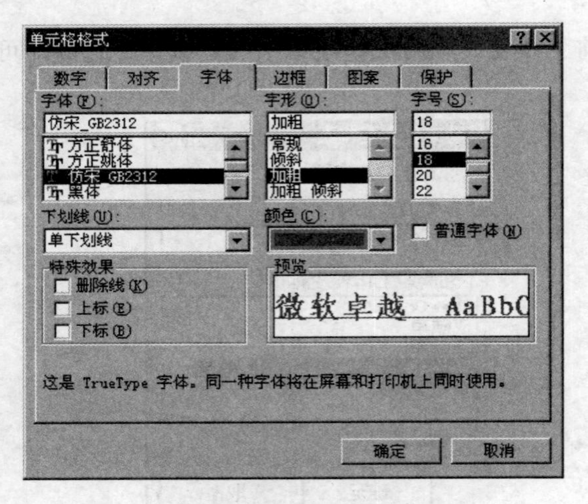

图 3-6 “单元格格式”对话框

(2) 插入、删除行请参见上一实验，考试日期的格式设置与（1）类似。

(3) 先选中列标题行，再参照(1)进行格式设置。再选中某列中要设置列宽的单元格区域，或一次选中所有要设置列宽的单元格区域，单击“格式”→“列”→“最合适的列宽”选项，如图 3-7 所示。

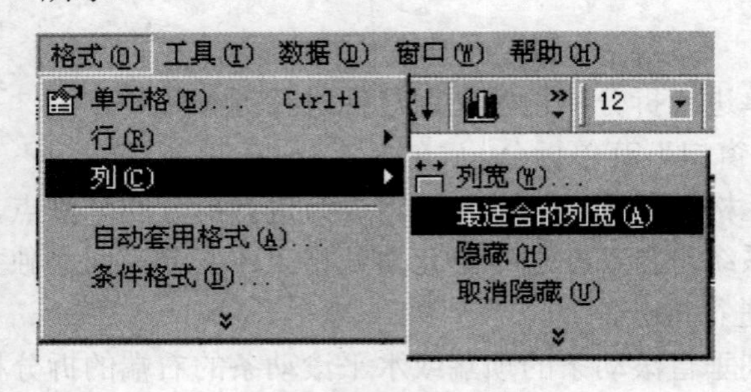

图 3-7 设置列宽

还可将鼠标移至列标行上，在相邻的两列标名间时鼠标形状会变成+字，按住左键左右移动鼠标可调整列宽。

(4) 选中存放成绩数据的单元格区域，单击工具栏上的“居中”按钮，或打开“单元格格式”设置对话框中“对齐”选项卡，在“水平对齐”下拉列表框中选择“居中”。

(5) 选中 A5 单元格，单击“格式”→“条件格式”选项，在其窗口中分别填入相应的逻辑运算符和值；单击“格式”按钮，在出现的“单元格格式”设置对话框中的“图案”选项卡中按实验要求进行设置。再单击“添加”按钮，在“条件 2（2）”中进行相应的设置，如图 3-8 所示。最后单击“确定”按钮。

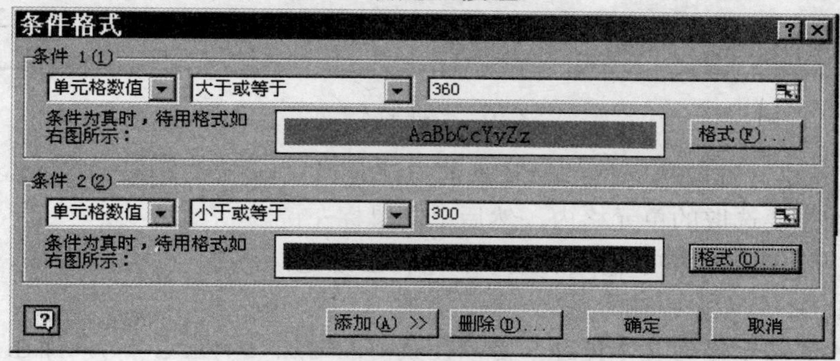

图 3-8 “条件格式”对话框

以上处理的结果如图 3-9 所示。

2000年第一学期期末考试成绩单							
					考试日期: 2000.7.7		
学号	姓名	英语	数学	计算机基础	政治	总分	总评
199962001	博文	90	88	95	92	365	优秀
199962002	占杰	88	76	87	76	327	
199962003	汪洋	92	92	89	88	361	优秀
199962004	左子玉	88	95	87	90	360	优秀
199962005	刘淇淇	84	92	78	78	332	
199962006	周畅	72	86	94	92	344	
199962007	李婧	95	96	87	85	363	优秀
199962008	王智恩	74	74	78	78	304	
199962009	吴小仪	68	66	90	64	[illegible]	
199962010	张大三	83	88	75	90	336	
最高分		95	96	95	92		
最低分		68	66	75	64		
平均分		83.4	85.3	86	83.3		

图 3-9 格式化后的工作表

保存以上处理的结果以 score2.xls 为文件名，退出 Excel。

二、熟悉和掌握单元格的选定，单元格数据的录入、编辑、修改等基本操作

(1) 在工作表名字标签上单击 Sheet3，切换到工作表 Sheet3 使其成为当前活动工作表。在工作表 Sheet 3 中，随意选定任一单元格，在其中分别输入数字、字母、符号、日

期、时间、星期等数据(图 3-10)，并对其中的一些单元格中的数据进行修改。

	A	B	C	D	E	F
1	武汉大学	Wuhan University		32.5		
2						
3	9月11日	星期二	2/3			
4						
5	20011211017	%				
6						

Sheet1 / Sheet2 / Sheet3

图 3-10　数据输入

① 选取单元格。选取单元格的最基本的方法是当鼠标指针变成一个空心十字形状时，将它移动到想要选取的单元格内，然后单击鼠标左键。

② 输入数字。在单元格中输入的数字和字符必须是：0～9、+、-、()、,、/、$、%、.、E 和 e 等。如在 D1 单元格中输入 32.5。

若想把输入的数字作为文本处理，必须在其前面增加一个撇号（'），如在 A5 单元格中输入'200112110017。

以分数形式输入数据时，为避免与日期格式数据混淆，在输入的数据前加上“0 ”，如在 D3 单元格中键入“0 2/3”。(注意 0 后的空格不可缺。)

③ 输入文本。在单元格中输入了文本后，只要按<Tab>键、<Enter>键或箭头键就确认了输入的文本，如在 A1 单元格中输入“武汉大学”、在 B1 单元格中输入“Wuhan University”等。

④ 输入日期和时间数据。在单元格中输入可识别的日期和时间数据时，单元格的格式就会从通用格式转换为相应的日期或者时间格式。如在 A4 单元格中输入“2001/9/11“后，其格式会自动变为 2001-9-11。

⑤ 单元格数据的修改。若单元格数据不正确时，可双击单元格后在单元格内或在编辑栏中进行修改。

(2) 启动 Excel，出现缺省的空白工作簿 Book1，其中有三张空白工作表 Sheet1、Sheet2、Sheet3。Sheet1 为当前工作表，在 A1 单元格中输入标题“2000 年第一学期期末考试成绩表”；在 A2 单元格中输入“考试日期：2000.7.7”；在第四行的 A 列—H 列中分别输入“学号”、“姓名”、“英语”等列标题。

① A 列中数据用自动填充法：在 A5、A6 单元格中分别输入“199962001”、“199962002”，然后选中 A5、A6 单元格区域，再用鼠标拖曳单元格区域填充并至 A14 处结束。

② 在其余各单元格中按图 3-11 中的数据分别输入。

2000年第一学期期末考试成绩单							
考试日期：2000.7.7							
学号	姓名	英语	数学	计算机基础	政治	总分	总评
199962001	博文	90	88	95	92		
199962002	占杰	88	76	87	76		
199962003	汪洋	92	92	89	88		
199962004	左子玉	88	95	87	90		
199962005	刘淇淇	84	92	78	78		
199962006	周畅	72	86	94	92		
199962007	李婧	95	96	87	85		
199962008	王智恩	74	74	78	78		
199962009	吴小仪	68	66	90	64		
199962010	张大三	83	88	75	90		
最高分							
最低分							
平均分							

图 3-11 考试成绩表

(3) 利用函数或公式计算总分：

① 利用系统提供的 SUM 函数进行求和。先选中 G5 单元格为活动单元格，单击编辑栏上的“=”，编辑栏的左边会出现一个函数名下拉列表，单击“▼”，则会出现函数名列表，如图 3-12 所示。

选择 SUM 函数，随即出现该函数的对话框，在 Number1 栏中要求输入求和的范围或单元格区域，单击右边的小按钮后用鼠标从 C5 单元格拖至 F5 单元格后按回车键（或直接在 Number1 栏中的空白处输入 C5：F5），如图 3-13 所示。再按“确定”按钮，G5 单元格中就出现了总分的值。

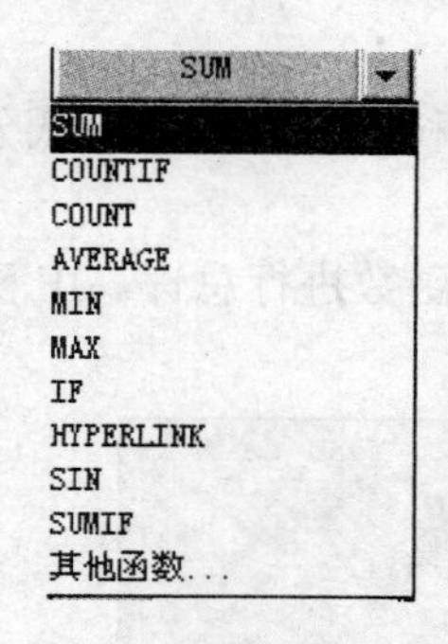

图 3-12 函数选择下拉列表

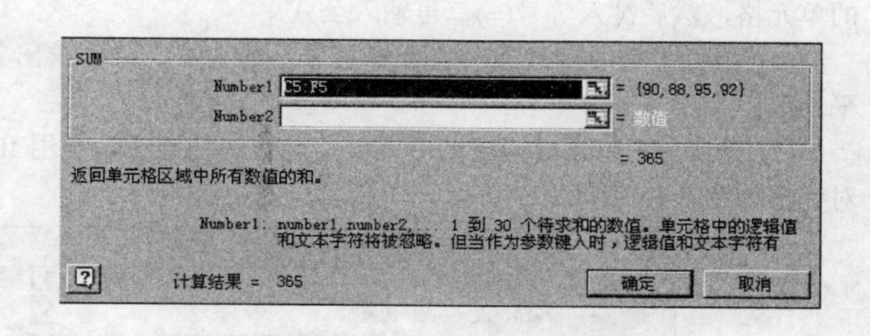

图 3-13 SUM 函数对话框

② 利用公式。先选中 G5 单元格为活动单元格，单击编辑栏上的“=”，然后在编辑栏中直接填入公式 C5+D5+E5+F5 后按回车键即可。

求出了 G5 单元格的值后，再将 G5 单元格的填充并拖曳至 G14 即可求出所有考生的成绩总分。

三、Excel 中的函数与公式

1. 函数

输入函数有两种方法，一种是像在单元格中输入数据那样输入函数；另一种是使用粘贴函数对话框输入函数，后者的操作方法如下：

(1) 单击要输入函数的单元格。

(2) 单击“插入”→“函数”选项，弹出“粘贴函数”对话框，如图 3-14 所示。

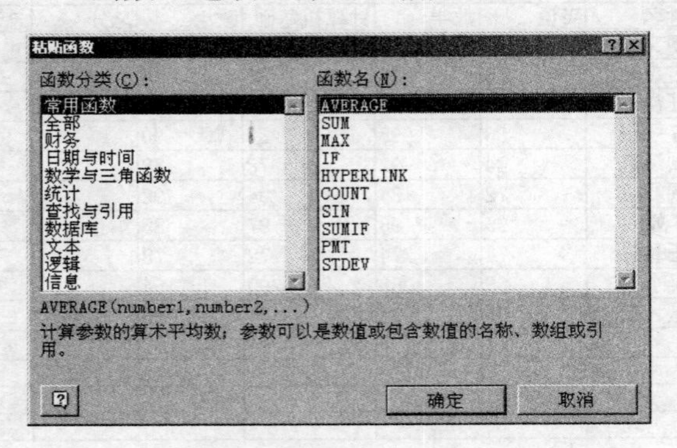

图 3-14 “粘贴函数”对话框

(3) 在函数分类列表框中选定函数类型。

(4) 在函数名列表框中选中要使用的函数名，单击“下一步”按钮，出现该函数的对话框。

(5) 在对话框中输入数值或所要处理的单元格区域。

(6) 单击“确定”按钮，所选单元格中数据经该函数处理后的结果就出现在(1)所选定的单元格中。

2. 公式

公式是用户自己定义的计算式子，其使用方法与函数基本相同。先单击要输入公式的单元格，然后键入等号(=)，再输入公式。

(1) 参考“利用函数或公式计算总分”的方法，分别求出各科的最高分、最低分和平均分。

(2) 选中 H5 单元格为活动单元格，函数的使用方法利用 IF 函数进行总评。IF 函数对话框如图 3-15 所示。

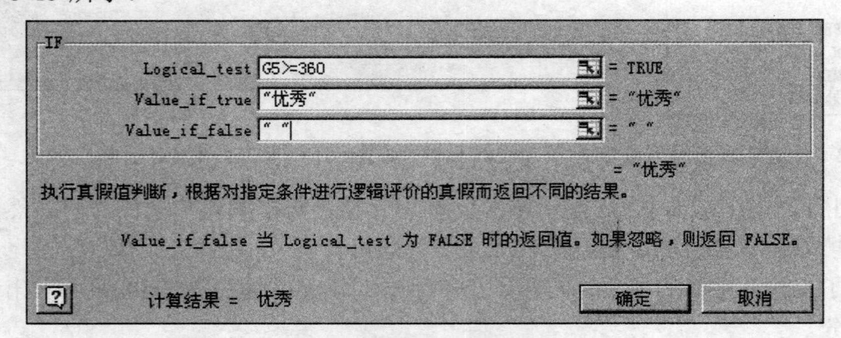

图 3-15 “IF 函数”对话框

在 Logical_test 框中填入 G5>=360；在 Logical_if_ture 框中填入“优秀”；在 Logical_if_false 框中填入〃〃，单击“确定”按钮即可求得该行的总评结果，然后用自动填充法填充以下各行。

(3) 单击汪洋的“英语”成绩单元格，直接从键盘上输入成绩 90 分（也可双击汪洋的“英语”成绩单元格，修改其值为 90 分)后按回车键即可看到“总分”列中值的变化。如果总分>=360 则“总评”列中自动会出现“优秀”；如果原来总分>=360，修改成绩后总分<360 分则“总评”列中的“优秀”会消失。以上操作的结果如图 3-16 所示。

2000年第一学期期末考试成绩单							
考试日期：2000.7.7							
学号	姓名	英语	数学	计算机基础	政治	总分	总评
199962001	博文	90	88	95	92	365	优秀
199962002	占杰	88	76	87	76	327	
199962003	汪洋	92	92	89	88	361	优秀
199962004	左子玉	88	95	87	90	360	优秀
199962005	刘淇淇	84	92	78	78	332	
199962006	周畅	72	86	94	92	344	
199962007	李婧	95	96	87	85	363	优秀
199962008	王智恩	74	74	78	78	304	
199962009	吴小仪	68	66	90	64	288	
199962010	张大三	83	88	75	90	336	
最高分		95	96	95	92		
最低分		68	66	75	64		
平均分		83.4	85.3	86	83.3		

图 3-16 “考试成绩表”操作结果

(4) 将以上结果以 score2.xls 为文件名保存于自己的主目录中。

(5) 插入行的方法：

① 利用“插入”→“行”选项。选中行：将鼠标移至行号上然后单击即可选中该行。先选中张大三所在的行为活动单元格区域，然后单击“插入”→“行”选项即可插入一个空行。

② 利用快捷菜单。先选中张大三所在的行为活动单元格区域，使鼠标置于所选定区域内，右击鼠标出现快捷菜单，单击“插入”选项即可。

四、插入行、列和单元格

1、 插入行、列

(1) 选定某行（或列）中的单元格。

(2) 单击“插入”→“行”（或插入/列）选项，则在该行（或列）上方（或左边）插入一行（或一列）。

(3) 若需插入多行（或多列），则要选中相同的行数（或列数）。

2、 插入单元格

(1) 选中某一单元格。

(2) 单击“插入”→“单元格”选项，弹出“插入”对话框。

(3) 根据需要在对话框中的四个选项中选择一个，如选择“活动单元格右移”，可在选中的单元格左边插入一个单元格。

(4) 单击“确定”按钮。

五、删除行、列和单元格

1、 删除行或列

(1) 选中要删除的行或列。

(2) 单击“编辑”→“删除”选项。

2、 删除单元格

(1) 选中要删除的单元格。

(2) 单击“编辑”→“删除”选项，出现“删除”对话框。

(3) 根据需要在对话框中的四个选项中选择一个，如选择“下方单元格上移”。在删除单元格之后，其下方的该列中的所有单元格中的文本上移。

(4) 单击“确定”按钮。

六、编辑单元格数据

1、清除单元格数据

(1) 选中要清除数据的单元格。

(2) 单击“编辑”→“清除”选项，出现下一级菜单。

(3) 在下级菜单的四个选项中选择需要的一个，如选择全部，则清除单元格中的格式、内容和批注。

2、移动和复制单元格数据

移动和复制单元格数据常用两种方法：若是近距离移动和复制单元格数据，则直接使用鼠标的拖放功能；若是远距离移动和复制数据或是在工作表及工作簿之间移动和复制数据，则使用“常用”工具栏上的“剪切”、“复制”和“粘贴”按钮。上机过程中可自行练习。

实验二 数据图表化

实验目的

熟悉图表的创建、编辑、格式化。

实验内容

(1) 启动 Excel，单击“文件”→“打开”选项（或单击工具栏中的“打开”按钮）在相应窗口中找到文件 score2.xls 并双击将其打开，再单击“文件”→“另存为”选项，将其另存为 score3.xls。

(2) 选中最高分、最低分和平均分单元格区域，单击“编辑”→“删除”选项即将这些区域删除。或右击鼠标，在弹出的快捷菜单中选择“删除”选项，弹出“删除”对话框，效果相同。

(3) 分段统计操作。先选中 A1:G19 单元格区域，然后将其删除。接着在 A16 单元格中输入“分段统计”，在 B16～B19 单元格中输入>=90, 80～89, 70～79, 60～69。

① >=90 分的统计：选中 C16 单元格，单击“插入”→“函数”选项，在打开的对话框中左边的下拉列表框中单击“统计”，选择 COUNTIF 函数：

在统计范围 Range 栏中输入 C5:C14(或按右边的小按钮，再确定要统计的单元格区域 C5:C14)，在条件 Criteria 栏中输入>=90，单击“确定”按钮，C16 单元格中即得到满足条件的统计结果 3。再横向拖曳 C16 单元格的填充柄至 F16，则得到各科目>=90 分的人数。

② 80～89 分的统计：80～89 分之间的人数是>=80 分的人数—>=90 分的人数，具体操作如下：

选中 C17 单元格，单击“插入”→“函数”选项，在左边的下拉列表框中单击“统计”，选择 COUNTIF 函数：

在统计范围 Range 栏中输入 C5:C14(或按右边的小按钮，再确定要统计的单元格区域 C5:C14)，在条件 Criteria 栏中输入>=80，单击“确定”按钮，返回至编辑栏，在编辑栏中再继续编辑 C17 单元格的公式，该公式为：

=COUNTIF(C5:C14,">=80")—COUNTIF(C5:C14,">=90")

单击“确定”按钮，C17 单元格中即得到满足条件的统计结果 4。再横向拖曳 C17 单元格的填充柄至 F17，则得到各科目>=80 分的人数。

用相同的方法分别统计其他分数段的人数。

统计结果如图 3-17 所示。

学号	姓名	英语	数学	计算机基础	政治	总分	总评
199962001	博文	90	88	95	92		优秀
199962002	占杰	88	76	87	76	327	
199962003	汪洋	92	92	89	88		优秀
199962004	左子玉	88	95	87	90		优秀
199962005	刘淇淇	84	92	78	78	332	
199962006	周畅	72	86	94	92	344	
199962007	李婧	95	96	87	85		优秀
199962008	王智恩	74	74	78	78	304	
199962009	吴小仪	68	66	90	64		
199962010	张大三	83	88	75	90	336	
分段统计	>=90	3	4	3	4		
	80～89	4	3	4	2		
	70～79	2	2	3	3		
	60～69	1	1	0	1		

图 3-17 成绩分段统计结果

(4) 用创建图表向导的四步骤。

① 步骤一：单击“插入”→“图表”选项，打开“图表向导”步骤之一“图表类型”对话框，在“标准类型”选项卡中选择“柱形图”，选择一种子图表类型，单击“下一步”按钮进入下一步。

② 步骤二：在“图表源数据”对话框中先选择“数据区域”选项卡，在“数据区域”编辑栏中单击右边的小按钮，在工作表中拖动鼠标确定单元格区域 C16:F19 为图表源数据，在“序列产生在”后选择“列”单选按钮。选择“序列”选项卡，在“名称”编辑栏中输入“英语”，将“序列 1”更换为“英语”，再依次将“序列 2”、“序列 3”、“序列 4”更换为“数学”、“计基”、“政治”。在“分类（X）轴标志（T）:”编辑栏中单击右边的小按钮，出现工作表后用鼠标拖过 B16:B19 单元格区域后按回车键，单击“下一步”按钮进入“图表选项”设置。

③ 步骤三：在“图表选项”设置对话框中有六个“选项卡”，先选择“标题”选项卡，在“图表标题（T）:”栏中输入“成绩分段统计图”，在“分类（X）轴（C）:”栏中输入“分数段”，在“数值（Y）轴（V）:”栏中输入“人数”。选择“图例”选项卡，在该选项卡中选择使图例居于底部即选中“底部”单选按钮。按“下一步”按钮进入“图表位置”设置。

④ 步骤四：在“图表位置”中选择将图表“作为其中的对象插入（O）”，单击“完成”按钮即完成了图表的创建。

(5) 图表的格式化。

① 图表标题格式设置：在图表中单击标题“成绩分段统计图”出现一黑色边框将标题框住，再单击右键出现快捷菜单，单击执行“图表标题格式”选项出现“图表标题格式”设置对话框，选择“字体”选项卡，在字体、字型、字号、下划线下拉列表框中分别设为隶书、倾斜、18 号字、双下划线。

② 横坐标标题格式设置：单击横坐标标题“分数段”，再单击右键出现快捷菜单，单击执行“坐标轴标题格式”选项，出现“坐标轴标题格式”设置对话框，选择“字体”选项卡，在字体、字型、字号、下划线下拉列表框中分别设为设为宋体、加粗、12 号字。

③ 纵坐标标题格式的设置：纵坐标标题格式的设置方法同横坐标标题格式设置一样。

④ 图例格式设置：先单击图例，再右击鼠标出现快捷菜单，选择“图例格式”选项，出现“图例格式”对话框，选择“字体”选项卡，在字体、字型、字号下拉列表框中分别设为宋体、常规、10 号字。

以“分段统计”结果为数据源创建如图 3-18 所示的图表。

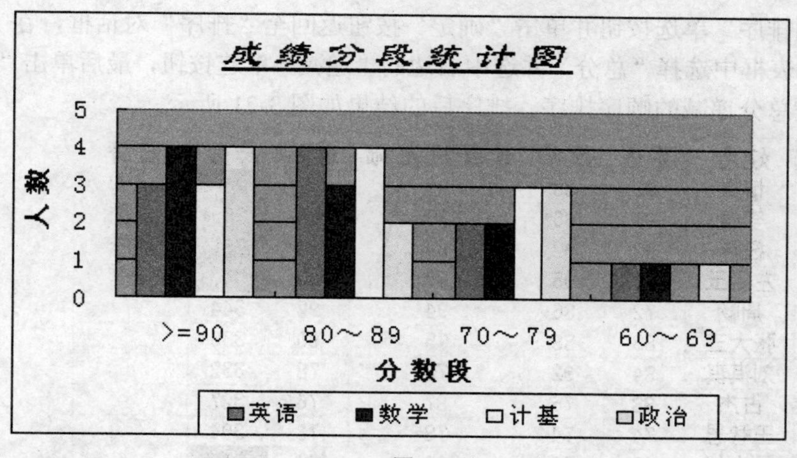

图 3-18

(6) 将以上的图表作为嵌入式图表一并保存于 score3. xls 文件中。

实验三 数据管理及页面设置

实验目的

掌握数据的排序、筛选、分类汇总及页面设置。

实验内容

(1) 启动 Excel 后，单击“文件”→“打开”选项，找到并打开 score2.xls 文件，选中“成绩单”工作表作为当前工作表，右击鼠标出现快捷菜单，利用“移动或复制工作表”选项将“成绩单”工作表复制到最后，生成一新工作表“成绩单（3)”。类似地，继续生成“成绩单（4)”、“成绩单（5)”。

(2) 选中“成绩单（3)”为当前工作表，单击“数据”→“排序”选项，弹出“排序”对话框，如图 3-19 所示。单击“选项”按钮，出现“排序选项”对话框，如图 3-20 所示。

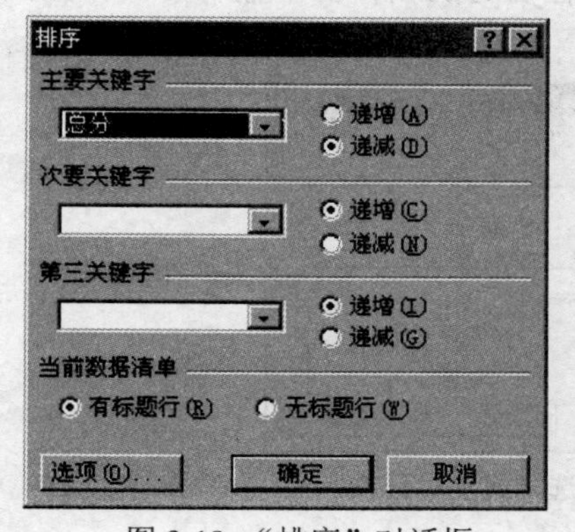

图 3-19 “排序”对话框

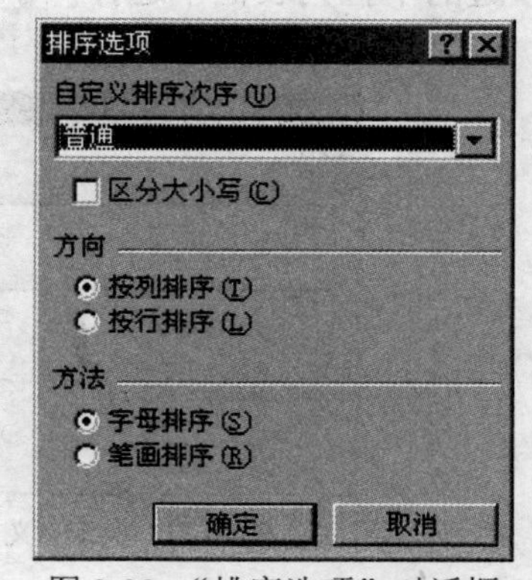

图 3-20 “排序选项”对话框

选择“按列排序”单选按钮并单击“确定”按钮返回至“排序”对话框，在“主要关键字”下拉列表框中选择“总分”并选中右边的“递减”单选按钮，最后单击“确定”按钮即对学生按总分递减的顺序排序。排序后的结果如图 3-21 所示。

学号	姓名	英语	数学	计算机基础	政治	总分	总评
199962001	博文	90	88	95	92	[illegible]	优秀
199962007	李婧	95	96	87	85	[illegible]	优秀
199962003	汪洋	92	92	89	88	[illegible]	优秀
199962004	左子玉	88	95	87	90	[illegible]	优秀
199962006	周畅	72	86	94	92	344	
199962010	张大三	83	88	75	90	336	
199962005	刘淇淇	84	92	78	78	332	
199962002	占杰	88	76	87	76	327	
199962008	王智恩	74	74	78	78	304	
199962009	吴小仪	68	66	90	64	[illegible]	

图 3-21　排序结果

(3) 选定“成绩单（4）”为当前工作表，单击“数据”→“筛选”→“自动筛选”选项，则在表格的列标题行中的每个列标题的右下角出现倒三角形的筛选按钮，单击“总分”标题的筛选按钮，出现如图 3-22 所示的列表框。

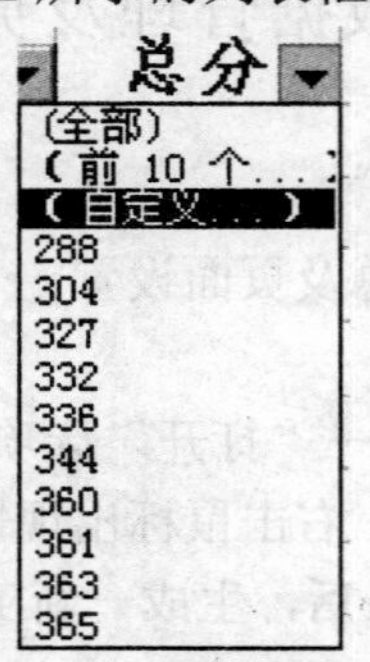

图 3-22　筛选列表框

在出现的列表中单击“自定义”，出现“自定义自动筛选方式”对话框。在第一行中左边的下拉列表框中选择“大于”，在右边的编辑框中输入 300，选择“与”单选按钮。在第二行中左边的下拉列表框中选择“小于”，在右边的编辑框中输入 360，如图 3-23 所示。

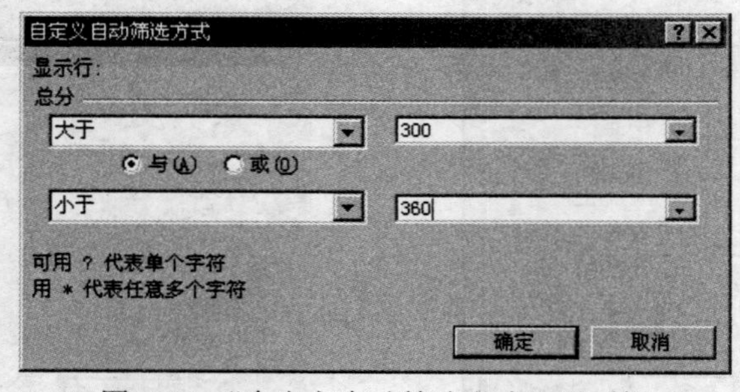

图 3-23　“自定义自动筛选方式”对话框

单击“确定”按钮即得到所需的筛选结果。筛选结果如图 3-24 所示。

学号	姓名	英语	数学	计算机基础	政治	总分	总评
199962002	占杰	88	76	87	76	327	
199962005	刘淇淇	84	92	78	78	332	
199962006	周畅	72	86	94	92	344	
199962008	王智恩	74	74	78	78	304	
199962010	张大三	83	88	75	90	336	

图 3-24 筛选结果

分类汇总：分类汇总是利用“数据”菜单中的“分类汇总”选项进行的，在“分类汇总”对话框中分别确定“分类字段”、“汇总方式”、“选定汇总项”即可。此项操作留给大家自行一试。

页面设置：页面设置可参见 Word 文档的页面设置。

综合实验

实验要求

上网下载一篇有关“国内旅游网站调查情况”的新闻，并按下列要求进行排版编辑。

(1) 在标题的适合位置插入艺术字“国内旅游网站调查情况分析”，要求采用第五行第五列的艺术字式样，将字体设为黑体、字号 32，环绕方式为“上下型”，居中对齐。

(2) 将正文中所有的“网络”替换为“NetWork”设置为红色、加着重号。

(3) 设置第一段首字下沉 3 行，字体为黑体，三号，红色。

(4) 除第一段外，设置其余段落首行缩进 2 个字符，段前段后间距 0.5 行。

(5) 在第 2，3，4 段插入一幅 JPG 格式的图片（自由选择），并设置环绕方式为“四周型”，大小缩放为 50%。

(6) 设置页眉为“旅游调查”，并设置其为小四号字、加粗、居中对齐。

(7) 将正文倒数第三段加上 1.5 磅带阴影的蓝色边框、灰色，1 5%(填充色)的底纹。

(8) 将正文倒数第四段分成 2 栏，加栏间分隔线。

(9) 将下列图表中的数据录入到 Excel 中，并以文件名“旅游网站统计.XLS”保存，按要求进行统计分析，制作如图 3-25 所示的表格，具体要求如下：

① 将工作表“旅游网站统计”更名为“调查分析表”。

② 在工作表“调查分析表”A6 单元格中输入“合计”，并在 B6 单元格中利用公式计算总人数，在 C1 单元格中输入“比例”，并在 C2：C5 单元格中计算各费用段人数所占的比例，分母使用 B6 的绝对地址，结果格式为带 1 位小数的百分比。

③ 根据工作表“调查分析表”中 A1：A5 和 C 1：C5 的数据生成如样张所示的图表，并嵌入“调查分析表”工作表中，要求图表类型为“分离型三维饼图”，显示值，图表标题为“旅游费用调查”，数值、图例均为 8 号字。

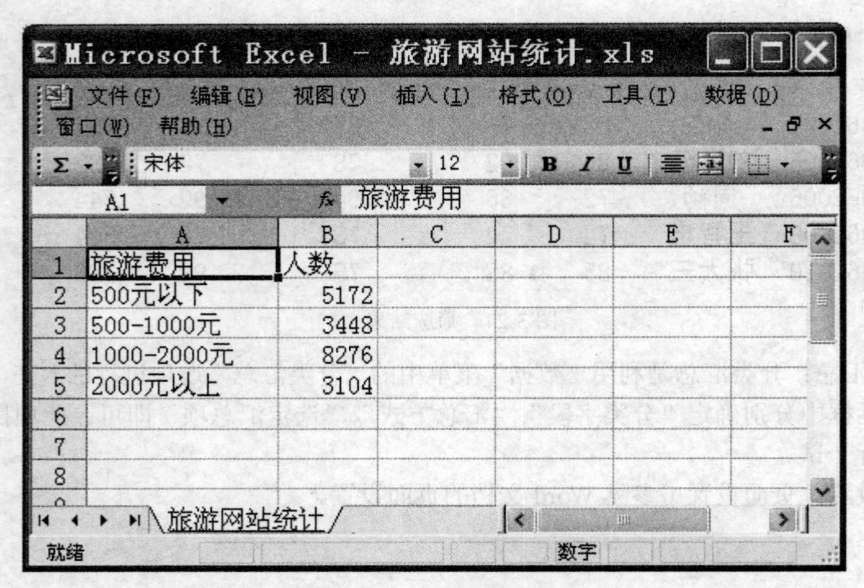

图 3-25　表格样式

④ 参考样张，将生成的图表，以“增强型图元文件”形式选择性粘贴到 Word 文档适当位置，并设置其环绕方式为“上下型”。

⑤ 将工作簿以文件名：ExTable，文件类型：Microsoft Excel 工作簿（.XLS），存放于练习文件夹中。

(10) 将编辑好的文章以文件名：done，文件类型：RTF 格式（.RTF），存放于练习文件夹中。

第四单元　用 PowerPoint 2000 制作演示文稿

实验一　PowerPoint 的基本操作

实验目的

(1) 掌握 PowerPoint 2000 的启动与关闭。

(2) 掌握 PowerPoint 2000 的文件操作。

(3) 学会制作简单的演示文稿，掌握 PowerPoint 2000 的基本操作。

(4) 掌握预设动画及幻灯片对象插入和修改等。

(5) 掌握幻灯片各种视图模式的切换，学会演示文稿的播放。

实验内容

1. *启动* PowerPoint

(1) 单击“开始”→“程序”→“Microsoft PowerPoint”选项，打开“Microsoft PowerPoint”应用程序窗口，并打开“PowerPoint”对话框，如图 4-1 所示。

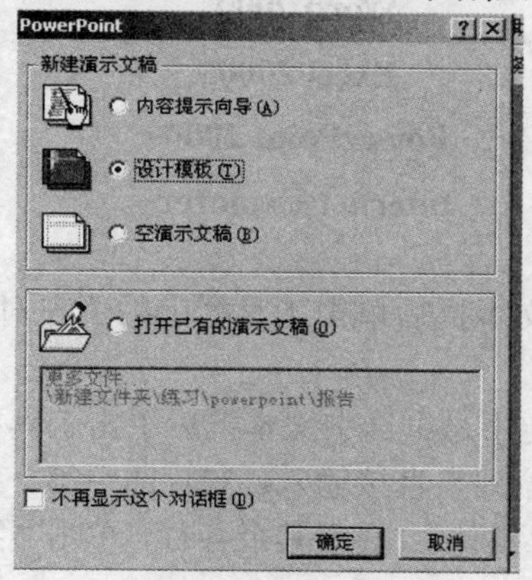

图 4-1 “PowerPoint”对话框

(2) 在“PowerPoint”对话框中选择“设计模板”，单击“确定”按钮，弹出“新建演示文稿”对话框。

(3) 单击“设计模板”选项卡，选择“Blends”选项，单击“确定”按钮。

(4) 在弹出的“新幻灯片”对话框中单击第三行第一个图标，本对话框右侧应显示：“文本与剪贴画”，如图 4-2 所示，单击“确定”按钮。

(5) 单击“确定”按钮， PowerPoint 启动完成。

2. PowerPoint 的编辑修改

1) 输入文本内容

当 PowerPoint 启动完成后，系统自动按选定的版式生成第一张幻灯片。

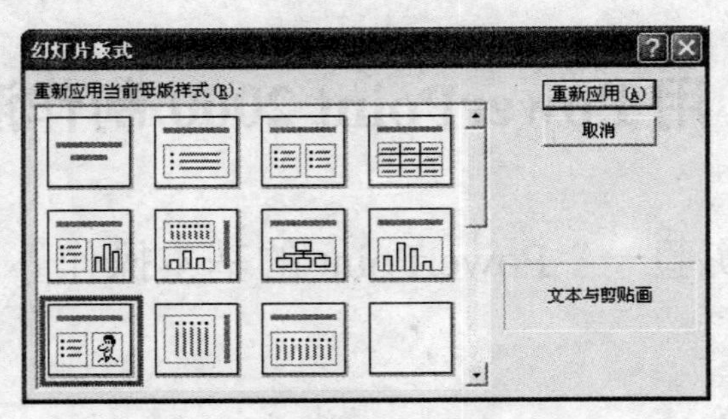

图 4-2 “幻灯片版式”对话框

(1) 单击第一行“单击此处添加标题”后可以看到编辑光标在此行中间闪烁。输入如下内容：

“信息化基础考核知识点简介”

(2) 单击下一行“单击此处添加文本”，输入如下文字内容（输入时文字可能会“溢出”文本框，这时可以不必理会，直到输入完成后再拖动文本框使之变大至合适的尺寸）：

计算机基础知识

Windows 2000

Word 2000

Excel 2000

PowerPoint 2000

Internet Explorer

2) 对文本内容进行编辑

(1) 设定对齐方式。选中文本框后单击工具栏上的“左对齐”按钮，可设定文本的对齐方式。

(2) 设定字体和字号。设定字号：选中文本框后单击工具栏上的“字号”下拉列表，选择“32”或单击“字号”下拉列表直接输入：32。选中第一行“计算机基础...”整行，单击“字体”下拉列表，选择“黑体”：选中其余各行，单击“字体”下拉列表，选择“楷体-GB2312”。

(3) 设置字的颜色。选择“信息化基础考核知识点简介”文本内容，单击“格式”→“字体”选项，在“字体”对话框中选定字体颜色，如“红色”。选择另一段文字，字体颜色设定为“蓝色”。

(4) 文本框填充颜色。选择要填充颜色的文本框，再单击“视图”→“工具栏”→“绘图”选项，使“绘图”前面出现“√”标记，在打开的“绘图”工具栏中单击“填充颜色”右的三角按钮，选择一种填充色，如“黄色”。

(5) 改变项目符号。选中最后六行，右击弹出浮动菜单，单击“项目符号和编号”选项，弹出“项目符号和编号”对话框，单击“项目符号项”选项卡，选择第二排第一个图标（空心方块）后单击“确定”按钮。

3. 幻灯片放映时切换方式设定

单击“幻灯片放映”→“幻灯片切换”选项，在弹出的“幻灯片切换”对话框中单击“效果”栏的下拉列表并选择“盒状收缩”，并在其下方选择“中速”单选按钮，如图4-3所示，单击“全部应用”按钮。

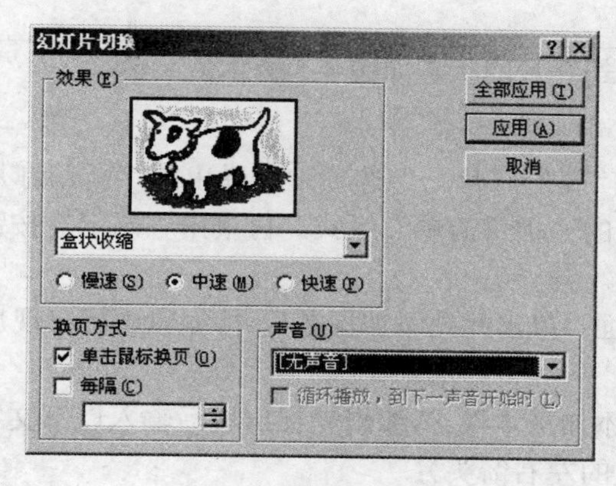

图 4-3 “幻灯片切换”对话框

4. 自定义动画设定

将光标移动到标题上右击，在弹出的快捷菜单中单击“自定义动画”选项，则弹出“自定义动画”对话框，如图4-4所示。

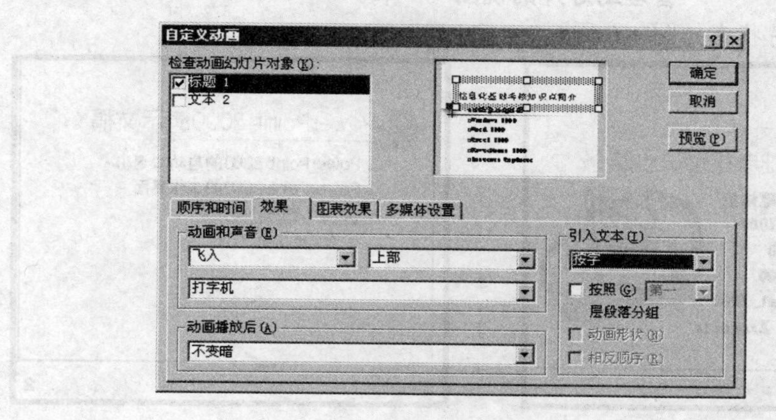

图 4-4 “自定义动画”对话框

(1) 单击“检查动画幻灯片对象”中的“标题 1”，在“效果”选项卡的“动画和声音”栏中单击第一行左侧的下拉按钮，选择“飞入”；单击第一行右侧的下拉按钮，选择“上部”，在第二行选择动作的伴音为“打字机”；单击“引入文本”栏的下拉式列表，选择“按字”。

(2) 同样选中“文本 2”，设置其动作为“切入”、“底部”。

(3) 单击“顺序和时间”标签，检查一下动画顺序，应为：1.标题 1，2.文本 2。如果顺序相反可以选中一个项目后单击右边的上下箭头调整，调整完毕单击“确定”按钮，关闭“自定义动画”对话框。

注：每一个幻灯片都是由若干个对象组成的，每一个对象均可安排出场的先后、出场的动作，并可伴有音响，这一设计称为“自定义动画”。每个对象都可在几十种动画效果中选择一种，而对于文字对象，每种动画还分“整批发送、按字、按字母”三种方式的动作。

设置完成后，第一张幻灯片的状态如图 4-5 所示。

5. 插入新幻灯片

(1) 单击“插入”→“新幻灯片...”选项。在弹出的“新幻灯片”对话框中选择版式，如第一行第 2 个位置的“项目清单”版式。再单击“确定”按钮，则一个新幻灯片就插到当前幻灯片的后面。

(2) 单击新幻灯片上面“单击此处添加标题”，待编辑光标出现后输入：“PowerPoint 2000 演示文稿”。

(3) 单击“单击此处添加文本”，待编辑光标出现后输入以下文字内容（项目的降级和升级按“格式”工具栏的左右箭头）：

PowerPoint 2000 的启动与退出

PowerPoint 2000 的工作界面

演示文稿的创建方法

管理幻灯片的视图

插入的新幻灯片状态如图 4-6 所示。

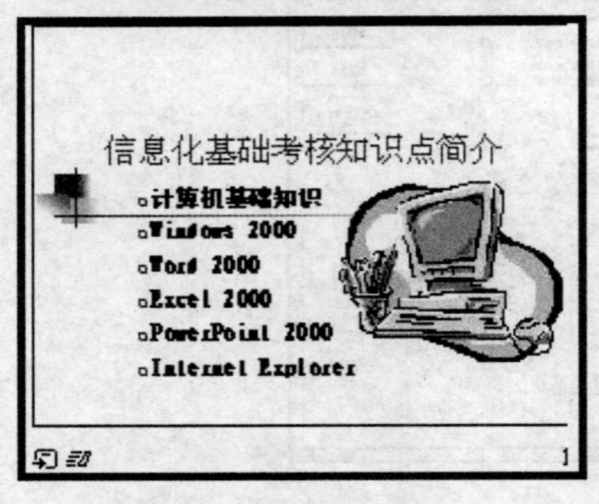

图 4-5　第一张幻灯片的设置结果

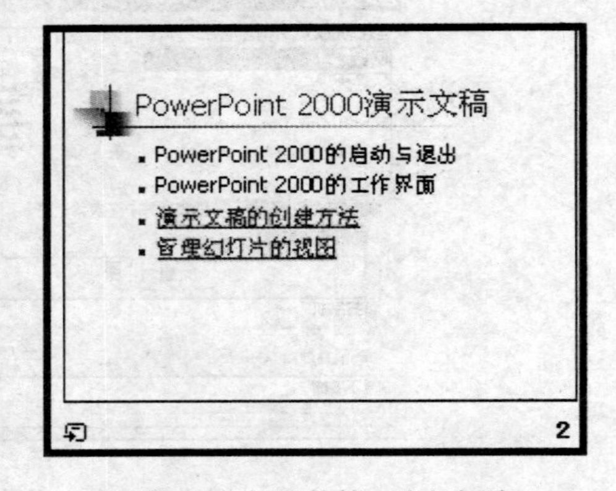

图 4-6　插入的第二张幻灯片

按上述方法制作另外两张幻灯片，如图 4-7 所示。

6. 插入和修改图片

1) 插入图片

选中 1 号幻灯片，双击“双击此处插入剪贴画”，弹出“Microsoft 剪辑图库”对话框。在文本栏“搜索剪辑”中输入“计算机”后按回车键，系统会找出一幅名为“计算机.wmf”的图片；单击此图片，在弹出菜单中选择第一个按钮，即“插入剪辑”按钮，则该图片就插入到幻灯片中。

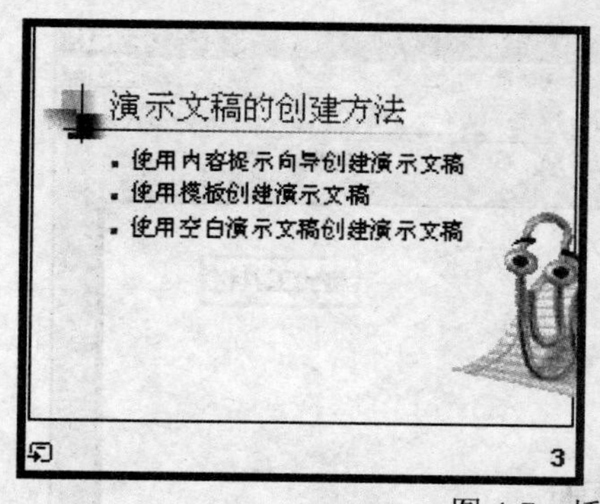

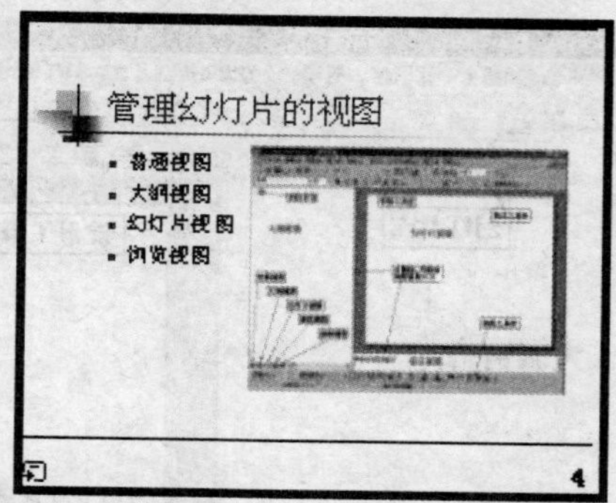

图 4-7 插入的另外两张幻灯片

2) 修改图片

刚插入的图片默认格式是：无填充色、无线条色。我们可以为其加上填充色和边框。

(1) 右击图片，在快捷菜单中选择“设置图片格式”。在“设置图片格式”对话框中单击“颜色和线条”选项卡，单击“填充”栏右边的“颜色”，在“颜色”列表框中选择：“填充效果(F)…”，在打开的“填充效果”对话框中单击“过渡”选项卡，在颜色选项中设置“单色”为红色；在颜色选项中设置“双色”为黄色；在颜色选项中设置“预设”为“雨后初晴”。

(2) 在“底纹样式”栏选择“角部辐射”，“变形”栏中任选一个，单击“确定”按钮。

(3) 在“设置图片格式”对话框的“颜色和线条”选项卡中单击“线条”栏的“颜色”列表框，选择第 3 行中的第 4 个按钮（指向此按钮时会提示：按标题文本配色方案），选择“虚实”栏中选择“实线”，“线型”栏中选择“2.25 磅”。单击“确定”按钮，关闭对话框。

(4) 本幻灯片也可以插入位图格式的图片，这时不必双击“双击此处插入剪贴画”，只要在任何时候单击“插入”→“图片”→“来自文件…”选项，在打开的“插入图片”对话框中选择合适的文件夹中的图片即可。图片插入后以浮动方式放在幻灯片上，这时可以拖动到“双击此处插入剪贴画”占位符处，释放鼠标左键后“双击此处插入剪贴画”占位符自动消失（如 4 号幻灯片所示）。

(5) 单击图片会有浮动的“图片”工具栏弹出，可以修改图片的大小、亮度、对比度、配色等设置，请大家自行设置并加以体会理解。单击“图片”工具栏的最右侧一项：重设图片，可以恢复刚插入图片时的设置。按 Ctrl+Z 组合键数次也可同样实现。

注：占位符指创建新幻灯片时出现的虚线方框。这些方框作为一些对象（幻灯片标题、文本、图表、表格、组织结构图和剪贴画）的占位符，单出占位符可以添加文字，双击可以添加指定的对象。

7. 各种视图方式的切换

PowerPoint 主画面左下方“视图栏”中有“普通视图”、“大纲视图”、“幻灯片视图”、“幻灯片浏览视图”、“幻灯片放映”五个按钮（见图 4-8），分别单击它们，观察 PowerPoint 主画面的布局变化。

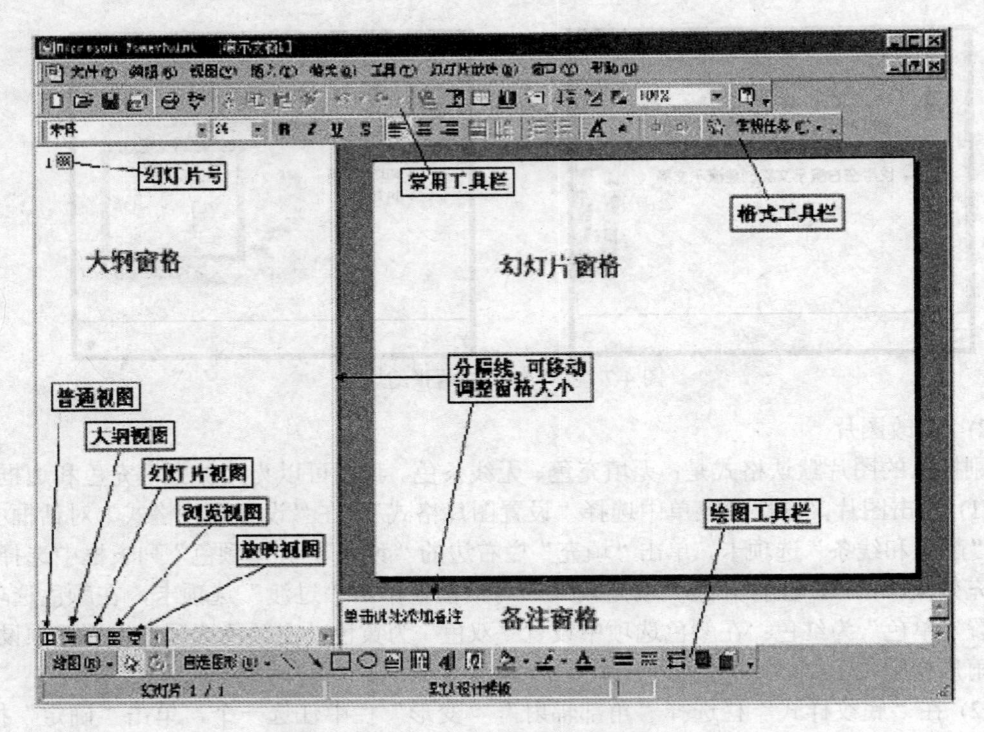

图 4-8　PowerPoint 界面组成

8. 演示文稿的播放

播放一个已经打开的演示文稿，通常有以下三种方法：

(1) 单击“放映”→“观看放映”选项，PowerPoint 将整屏显示当前演示文稿中的第 1 张幻灯片。

(2) 单击“视图”→“幻灯片放映”选项，PowerPoint 将整屏显示当前演示文稿中的第 1 张幻灯片。

(3) 直接单击 PowerPoint 主画面左下方“视图栏”中的“幻灯片放映”按钮，PowerPoint 将整屏显示当前演示文稿中的当前幻灯片。

可以用鼠标来控制幻灯片的播放顺序，单击一次鼠标左键，将切换到播放下一张幻灯片。

幻灯片放映过程中可以不断移动鼠标，直到左下角出现控制图标，单击控制图标，则会显示一个播放菜单，指向“指针选项”项目，单击“绘图笔”，此时光标变为笔状，拖动即可在屏幕上绘出任何图形，幻灯片放映时可以在需要的地方做标志。

改变绘图笔颜色：单击控制图标，指向“指针选项”，单击“绘图笔颜色”，选择“红色”。

9. 保存演示文稿

单击“文件”→“保存”选项，弹出“另存为”对话框，输入文件名：考核简介，保存类型：演示文稿。单击“保存位置”列表框，选择合适的文件夹，单击“确定”按钮，退出 PowerPoint。

注：保存时默认格式为.ppt。

此外还有.pps 格式：打开时会自动放映。

.htm 格式：可以在 IE5.0 以上的浏览器中完全正确的查看。

还可保存为图片格式（有四种格式：gif，jpg，png，wmf）。

实验二 演示文稿的修饰

实验目的

(1) 掌握组织结构图、表格、图表、图形、音频、视频等对象的插入和编辑。

(2) 掌握在幻灯片中设置页眉、页脚的方法。

(3) 掌握更新设计模板，修改母版。

(4) 掌握超文本链接。

(5) 掌握演示文稿的打包。

实验内容

1. 打开文件

启动 PowerPoint 2000，在“PowerPoint”对话框中单击“打开已有的演示文稿”选项，单击下面列出的“考核简介.ppt”(实验一中已完成的)，如果找不到该文件就双击“更多文件…”，打开“打开”对话框，在“查找范围”列表框中选择“考核简介.ppt”文件所在的目录。

打开一个 PowerPoint 文件还可以单击“文件”→“打开”选项。

2. 插入组织结构图

插入一张新幻灯片，在新“幻灯片”对话框中选“组织结构图”版式，单击“确定”按钮。

单击“单击此处添加标题”，输入标题，如“某 IT 公司组织结构”。

双击占位符“双击此处添加组织结构图”，弹出嵌入式软件“Microsoft 组织结构图”。

单击“视图”→“实际尺寸”选项来放大组织结构图。组织结构图的标题不变。

编辑最上层图框的“姓名”为：总经理室；“职称”改为“总经理：张三”。

单击工具栏中的“经理”按钮，光标移入“总经理图框”并单击，输入：董事会，按回车键，再输入：董事长：李四。

单击工具栏中的“右同事”按钮，光标移入最右侧图框并单击，输入：财务部。

鼠标从右向左依次单击各个图框，分别输入：网络事业部、软件事业部、硬件事业部。

遇到“职称”项应删除，看到“职称”项变为“<职称>”时即可。

单击“退出并返回到考核简介.ppt”确认：希望在退出前更新对象位于考核简介.ppt。返回 PowerPoint 后还要适当调整组织结构图的大小。

3. 插入表格和图表

插入一张新幻灯片，在新“幻灯片”对话框中选“表格”版式。

单击“单击此处添加标题”，输入标题：信息化基础考试情况统计表。

双击占位符“双击此处添加表格”，按表修改数据表中的数据，如表 4-1 所示。

表 4-1

年份 / 人数	2002	2003	2004	2005
优秀人数	103	110	120	126
合格人数	252	233	245	213
不合格人数	85	76	51	43

插入一张新幻灯片，在新“幻灯片”对话框中选“图表”版式。

单击“单击此处添加标题”，输入标题：信息化基础考试情况图表。

双击占位符“双击此处添加图表”，在数据表中输入如图 4-9 所示的数据。

考核简介 － 数据表

		A	B	C	D
		2002	2003	2004	2005
1	优秀人数	103	110	120	126
2	合格人数	252	233	245	213
3	不合格人数	85	76	51	43
4					

图 4-9 输入数据

单击“图表”→“图表类型”选项，选择“柱形图”中的“三维簇状柱形图”。图表效果如图 4-10 所示。

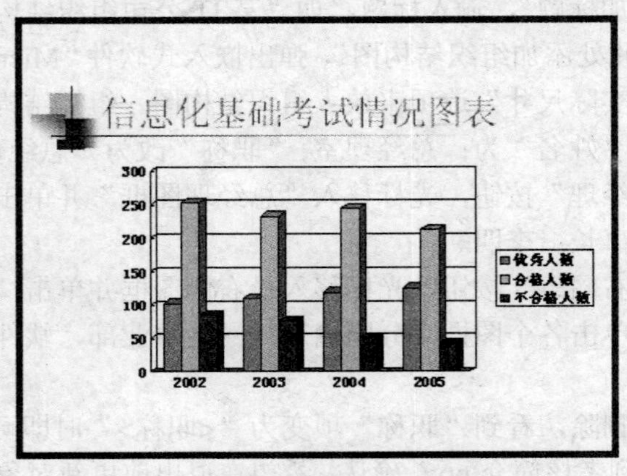

图 4-10 插入的图表

4. 插入图形

单击“绘图”工具栏的“箭头”按钮，从幻灯片右上向左上拖动，箭头指向图表中最高的一点，右击箭头图形，在弹出的菜单中单击“设置自选图形格式”选项，在打开的对话框中设置线条颜色为“红色”。

单击“插入”→“文本框”→“水平”选项。输入文字：再创新高！文字大小为 20，加粗。

右击文本框，在弹出的菜单中单击“设置文本框格式”选项，在打开的对话框中选择线条颜色为“带图案线条”，在打开的“带图案线条”对话框中选择“浅色下对角线”，前景为“红色”，背景为“白色”。“线型”为 3 磅单实线。

5. 插入音频（或视频）

单击第 1 号幻灯片，单击“插入”→“影片和声音”→“文件中的声音”选项，在“插入声音”对话框中选择一个声音文件。如 c：\winnt\media\ringin.wav，这时系统提示：是否需要在幻灯放映时自动播放声音……选择“否”，屏幕上出现一个喇叭图标，右击此图标，在弹出的菜单中单击“动作设置”选项，在“鼠标移过”选项卡上单击“对象动作”选择“播放”，即单击此图标播放声音，鼠标掠过此图标也发出声音。

有条件的请大家自己练习视频的插入。

6. 设置页眉和页脚

单击“视图”→“页眉和页脚”选项，打开如图 4-11 所示的对话框。在“页眉和页脚”对话框中选择“幻灯片”选项卡，在“幻灯片包含内容”栏选择“日期和时间”，再选择其中的“固定”，在其下方的文本框中输入“2006/04/05”。再选中“幻灯片包含内容”中的“幻灯片编号”和“页脚”，在其下方的文本框中输入“演示文稿制作软件”。并选中底部的“标题幻灯片中不显示”（以便在标题版式的幻灯片中不带有任何页眉页脚信息）。最后单击“全部应用”按钮。

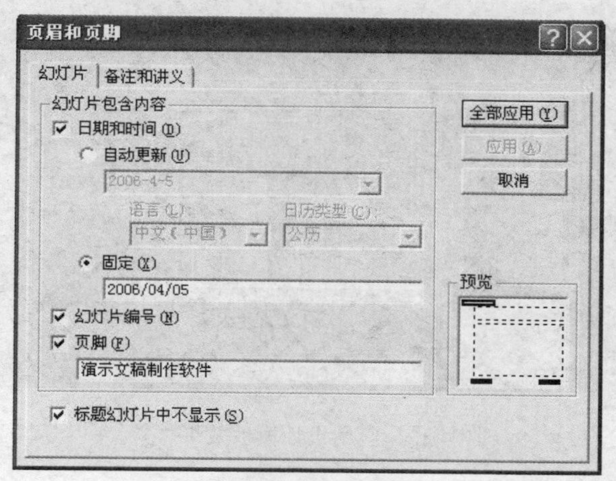

图 4-11 “页眉和页脚”对话框

7. 修改母版

单击“视图”→“母版”→“幻灯片母版”选项。

首先改变文字第二级和第五级的项目符号。右击“第二级”，在弹出菜单中选择“项目符号和编号”选项，单击第2行和第3项（向右的箭头），单击“确定”按钮。右击“第五级”，在弹出菜单中选择“项目符号和编号”选项，单击第1行第3项（空心的圆），单击“确定”按钮。

在显示的幻灯片母版中，将“页脚区”编辑框拖到幻灯片的左上角，“日期区”编辑框拖到幻灯片的左下角，“数字区”编辑框拖到幻灯片的右下角。

选中幻灯片母版的“自动版式的标题区”中的文字，设为“加粗倾斜”。

按F5或单击“幻灯片放映”按钮，观察变化。

修改背景配色方案：单击“格式”→“幻灯片配色方案”选项，选择第二个方案确认。此处也可以由大家自行选择。单击“格式”→“幻灯片配色方案”选项，在弹出的“配色方案”对话框中单击“自定义”选项卡，然后选择各个项目分别配色。单击“母版”工具栏中的“关闭”按钮返回幻灯片编辑界面。

注：使用PowerPoint提供的幻灯片母版，在母版中进行属性的更改设置操作后，PowerPoint就会更新当前演示文稿中所有已存在的幻灯片，同时还会自动应用到新建的幻灯片上。

8. 更新设计模板

单击“格式”→“应用设计模板”选项，在打开的对话框左边列表框中选中“Soaring.pot”后，单击“应用”按钮，或直接双击“应用设计模板”对话框左边列表框中的“Soaring.pot”，效果如图4-12所示。

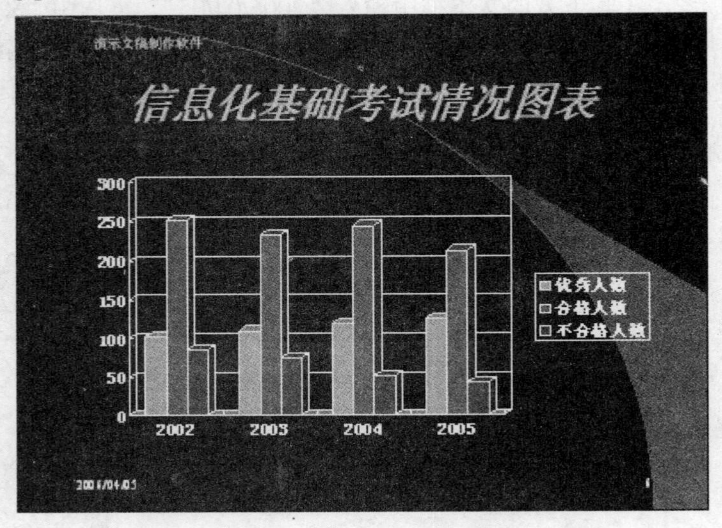

图4-12 应用设计模板效果

9. 建立超级链接

选2号幻灯片中“演示文稿创建方法”，单击右键，在弹出的菜单中选择“超级链接”选项，在“插入超级链接”对话框中单击“本文档中的位置”，选择“3．演示文稿的创建方法”，如图4-13所示。单击“确定”按钮，便为2号幻灯片建立了超级链接。

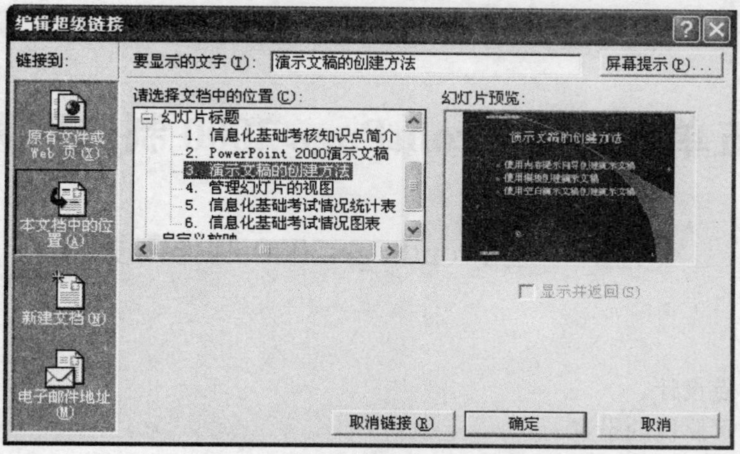

图 4-13 为 2 号幻灯片建立超链接

10. 打包演示文稿

在 PowerPoint 中打开要打包的演示文稿，单击“文件”→“打包”选项，在打开的“打包向导”对话框中按屏幕提示进行设置，设置完成，单击“完成”按钮，系统把打包的演示文稿输出到用户指定位置。

若要放映打包的演示文稿，首先要解开压缩包，其操作方法如下：

在存储位置找到 Pngsetup.exe 文件，双击运行它。在弹出的对话框中输入解压缩后演示文稿存放位置，单击“确定”按钮。系统完成解压缩后，弹出询问“是否运行幻灯片”的对话框，单击“是”按钮，即可开始播放演示文稿。

综合实验

实验要求：

创作一份演示文稿，要求详细介绍你的班级，至少应包括：班主任、班长、班干部、你自己、你的好朋友等（每人一页）。内容应包括：姓名、性别、特长与爱好、性格、家庭、学习成绩等。具体要求：

(1) 试着以不同的方法在幻灯片中插入图片、表格、图表等对象。

(2) 为其中的一些幻灯片更换不同的背景。

(3) 插入 BMP 图像、EXCEL 表格、WORD 文档等对象，有条件的可以插入声音或影片，在其中打开播放。

(4) 试着更换不同的应用设计模板。

(5) 设置幻灯片的放映方式和切换方式，尝试各种“预设动画”效果。

(6) 进行较为灵活的动作设置、超级链接和自定义动画设置。

(7) 应用母版设计，加页眉页脚等。

第五单元　用 FrontPage 2000 制作网页

实验一　用 FrontPage 2000 制作网页

实验目的

(1) 掌握站点设计。

(2) 掌握网页属性的设置。

(3) 掌握表格的插入及其属性的设置。

(4) 掌握图片、线条的插入及其属性的设置。

(5) 掌握超级链接的设置。

(6) 掌握插入字幕、计数器等组件的设置。

实验内容

1. 设计站点

在 FrontPage 窗口单击“文件”→“新建”→“站点”选项，打开“新建”对话框，选择只有一个网页的站点模板，指定网页存放的文件夹(如 E:\myweb)，创建 Web 站点，如图 5-1 所示。

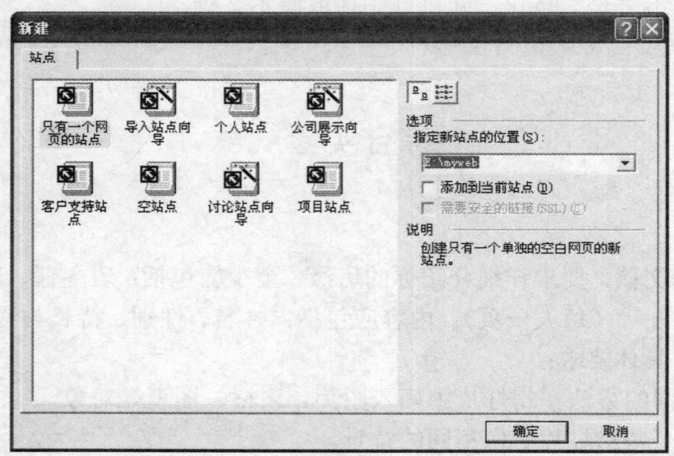

图 5-1 “新建”对话框

2. 设计主页

(1) 单击“视图”→“导航”选项，能看到生成的站点结构栏中“导航” 窗口。

(2) 选择“新建”→“网页”选项，“导航”图中出现标题为“主页”主页图标，如图 5-2 所示，并且系统自动以文件名“index.htm”保存该主页。右击主页，“重命名”为“新北京新奥运”。

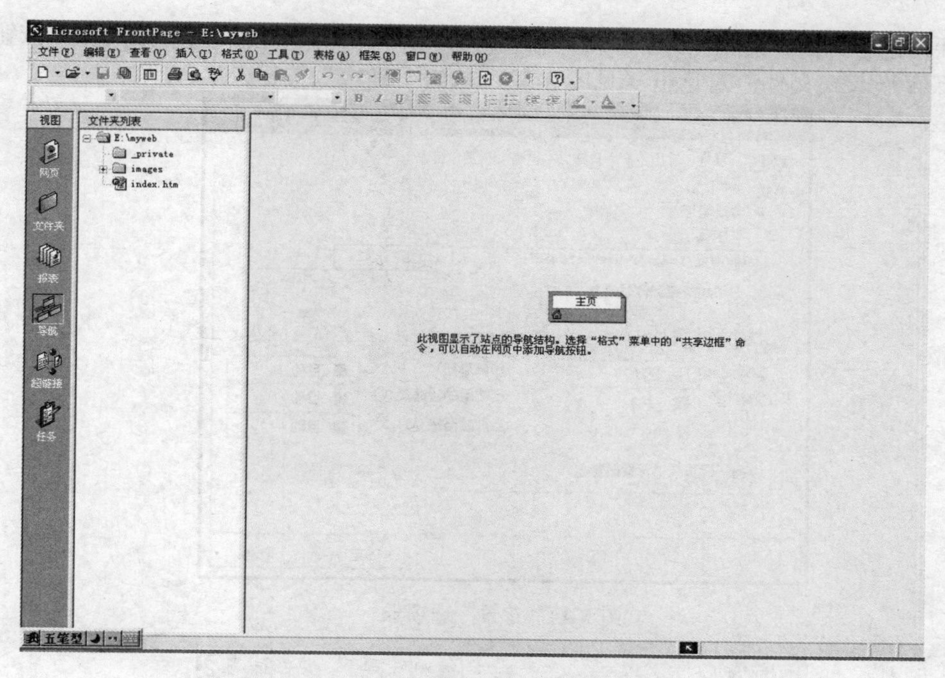

图 5-2 显示主页图标

(3) 网页属性的设置。在窗口中的普通页面中点击右键，然后选择“页面属性”，出现如图 5-3 所示的“网页属性”对话框。

网页属性
常规 背景 边距 自定义 语言 工作组
位置: file:///E:/myweb/index.htm
标题(T): 新北京新奥运
基本位置(A):
默认的目标框架(D):
背景音乐
位置(C): 浏览(B)...
循环次数(O): 0 不限次数(F)
设计阶段控件脚本
平台(P): 客户端 (IE 4.0 DHTML)
服务器(V): 从站点继承
客户端(E): 从站点继承
样式(S)...
确定 取消

图 5-3 “网页属性”对话框

在网页属性对话框的“常规”选项卡内，修改标题“New Page 1”为“新北京新奥运”，可以在“背景音乐”中单击“浏览”按钮，选择一首音乐作为该网页的背景音乐。

在“背景”选项卡中单击“浏览”按钮，可以选择一张图片（计算机上存在的图像文件）作为网页的背景图片（见图 5-4），单击“确定”按钮。单击工具栏上的保存按钮，出现“保存嵌入式文件”对话框（见图 5-5），单击“确定”按钮。

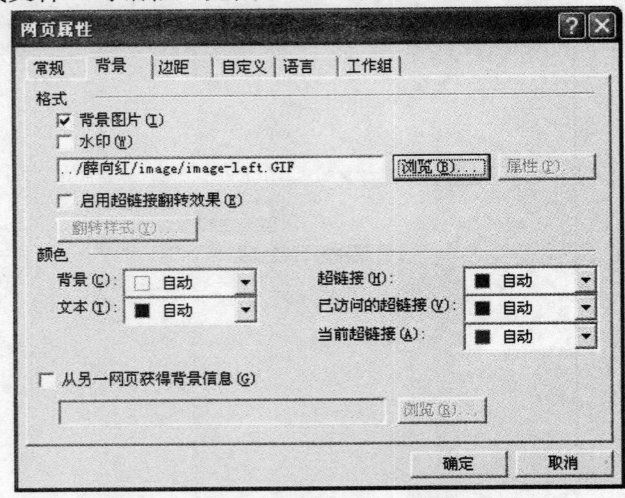

图 5-4 “背景”选项卡

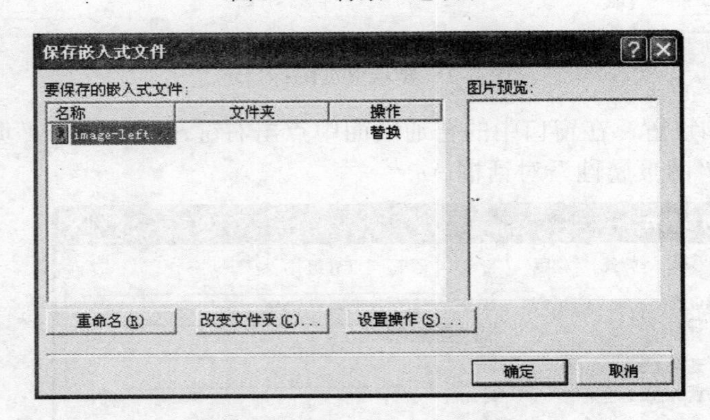

图 5-5 “保存嵌入式文件”对话框

(4) 插入一个表格。单击“表格”→“插入”→“表格”选项，打开如图 5-6 所示的“插入表格”对话框。在行数里输入 6，列数里输入 4，边框粗细选择 0，单元格边距选择 0，单元格间距选择 0，指定宽度为任意，我们可以用手工调整，单击“确定”按钮，即可插入表格。

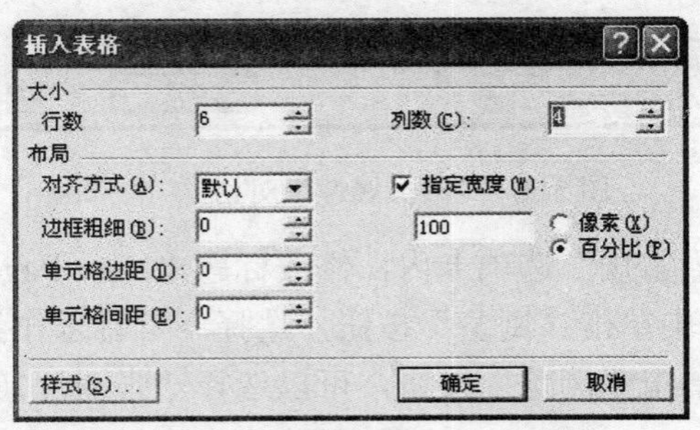

图 5-6 “插入表格”对话框

在表格上用鼠标拖选第一列，然后单击右键，选择“单元格属性”选项，打开如图 5-7 所示的对话框。调整表格的宽度为 190 像素，高度为 80 像素；第二列宽度为 80 像素，高度为 80 像素；第三列，第四列宽度为 220 像素，高度为 80 像素。第三列和第四列的第 1、第 2 行合并，第 3、第 4 行合并，第 5、6 行合并（用鼠标选中 2 列，击右键盘，选择合并单元格），合并后如图 5-8 所示。

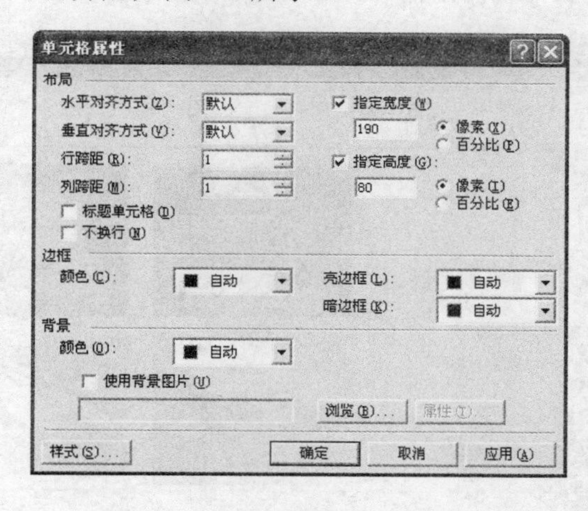

图 5-7 “单元格属性”对话框

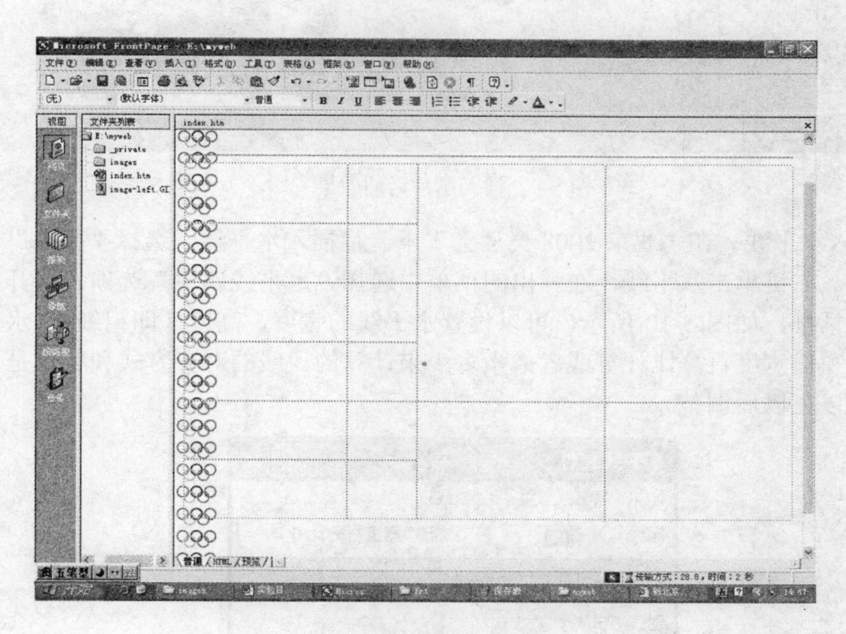

图 5-8 合并单元格效果

(5) 输入文字。将光标移到页面顶端，输入文字“北京 2008 奥运会”，可以用鼠标全部或部分选择文字，点右键，选择字体，为文字指定大小及颜色等。

(6) 插入图片。在“北京 2008 奥运会”后插入一张图片，单击“插入”→“图片”→“来自文件”选项，选择“E:\image\logo.gif”文件（计算机上存在的一个图像文件），点击“确定”，也可以将其保存为嵌入式文件。

将光标移到表格的第一行，第三列，选择“插入”→“图片”→“来自文件”选项，插入“E:\image\img1”（计算机上存在的一个图像文件），第四列，插入“E:\image\img2”（计算机上存在的一个图像文件），用同样的方法把其他几个表格单元插入图片。把光标移到第一行，第一列，输入文字“北京申奥历程”，文字的大小，颜色等可以用“文字属性”来修改，把其他 6 个表格单元都输入计划好的栏目，文字对齐可选择“右对齐”。完成后如图 5-9 所示。

图 5-9　插入图片后的效果

(7) 插入水平线。在“北京 2008 奥运会”下一行插入水平线，选择“插入”→“水平线”选项。右键单击水平线，在弹出的菜单中选择“水平线属性”选项，打开“水平线属性”对话框，如图 5-10 所示，可以设置水平线的宽度，高度（即粗细），水平线的宽度是按照窗口宽度百分比计算或者像素多少来计算的。线的对齐方式和颜色是否有阴影等，这可以在以后调整。

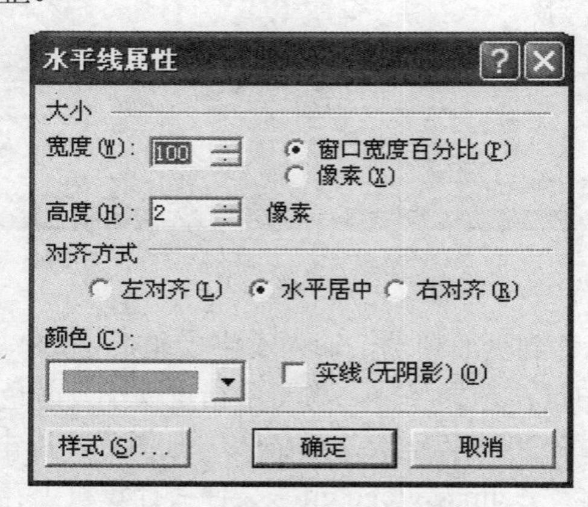

图 5-10　“水平线属性”对话框

(8) 插入字幕。将光标移动到“北京 2008 奥运会”后面，单击“插入”→“组件”→“字幕”选项，出现“字幕属性”对话框，在文本框中输入：“新北京，新奥运--------官方网站正式开通”，“方向”是指字母游动的方向；“表现方式”中的“滚动条”是按照定义的方向循环滚动，“幻灯片”是移动到位置以后停止，“交替”是字幕左右游动；“重复”中的“连续”被选中以后，字幕就开始循环移动了。

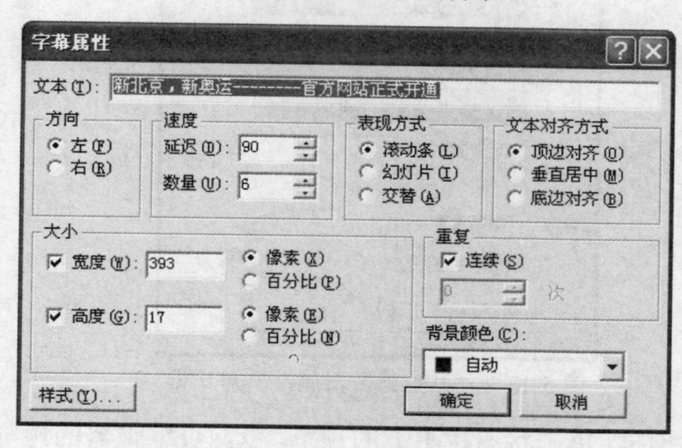

图 5-11 “字幕属性”对话框

(9) 加入超级链接。用鼠标选中表格中的“奥运会 2008 官方网站”，单击右键，在弹出菜单中选择“超链接”选项，在“URL(U)”框中输入“http://www.beijing2008.com”，如图 5-12 所示，单击“确定”按钮。

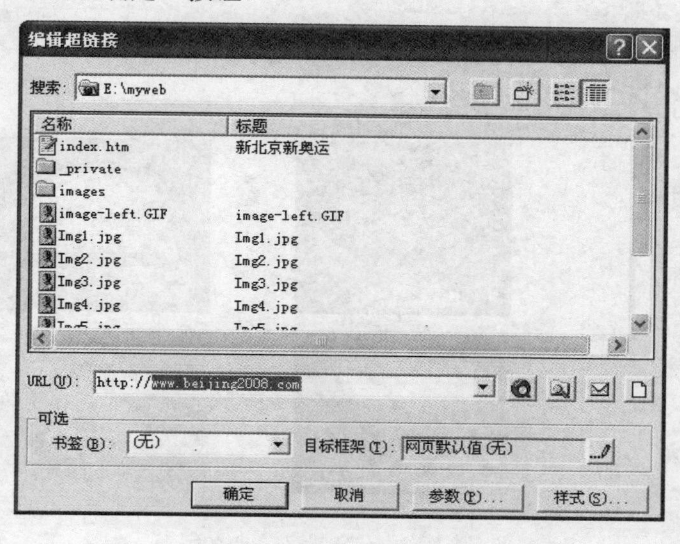

图 5-12 添加超链接

(10) 插入计数器。将光标定位于 index.htm 文件最后，输入文字“该页面已被访问过次!”。将光标定位于“过”与“次”之间，单击“插入”→“组件”→“站点计数器”选项，出现“站点计数器属性”对话框，如图 5-13 所示。在“站点计数器属性”对话框中任选一种计数器后单击“确定”按钮。在网页正常发布后，才能显示正常。

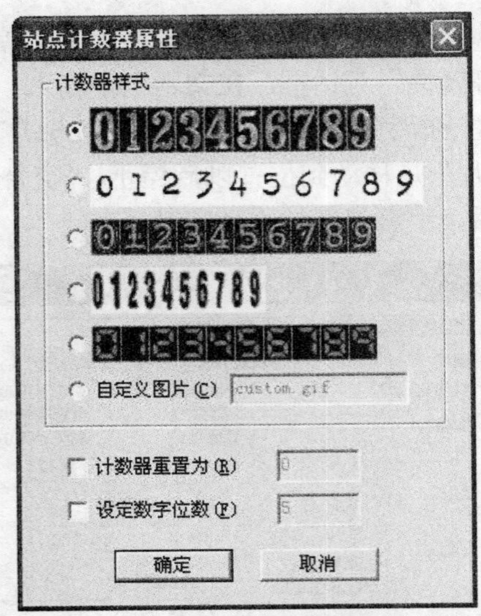

图 5-13 “站点计数器属性”对话框

(11) 保存主页并预览。单击状态栏上方的预览，以网页编辑器的预览视图方式查看，或单击工具栏中的“”（在游览器中预览）按钮，系统打开 IE 进行游览，如图 5-14 所示。

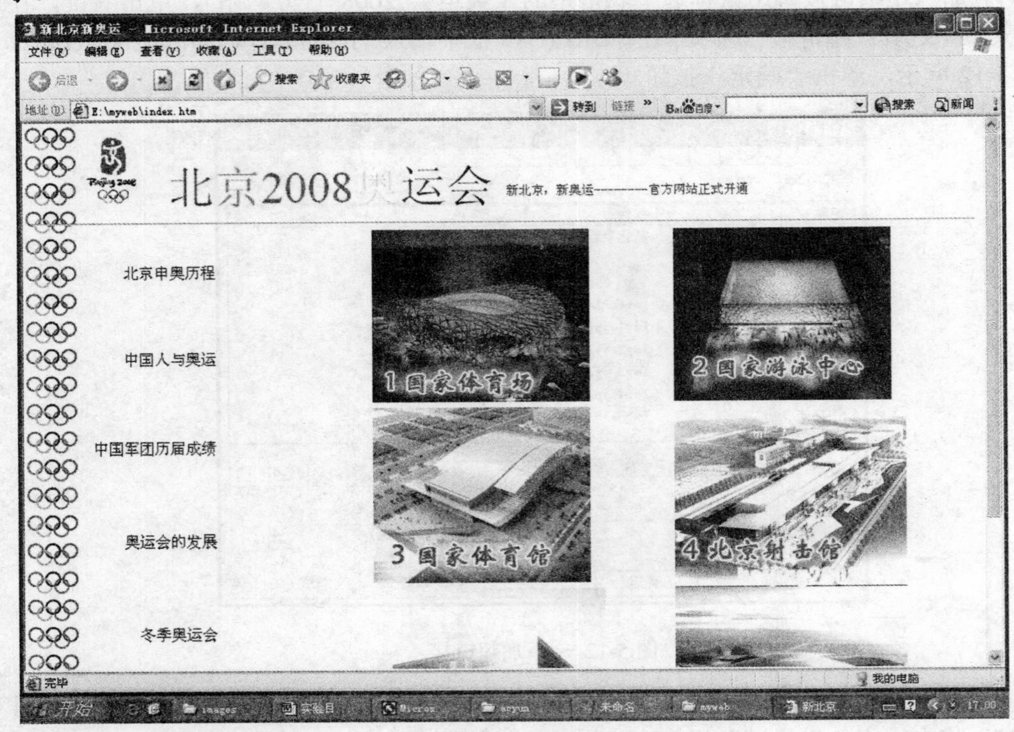

图 5-14 预览网页

3. 设计从页

在“导航”图中右击主页图标，选“新建网页”，下层出现新的页面图标，重命名为“北京申奥历程”，双击图标进入设计页面窗口，可以设计新的页面了。其他页面也类似操作。如图 5-15 所示。

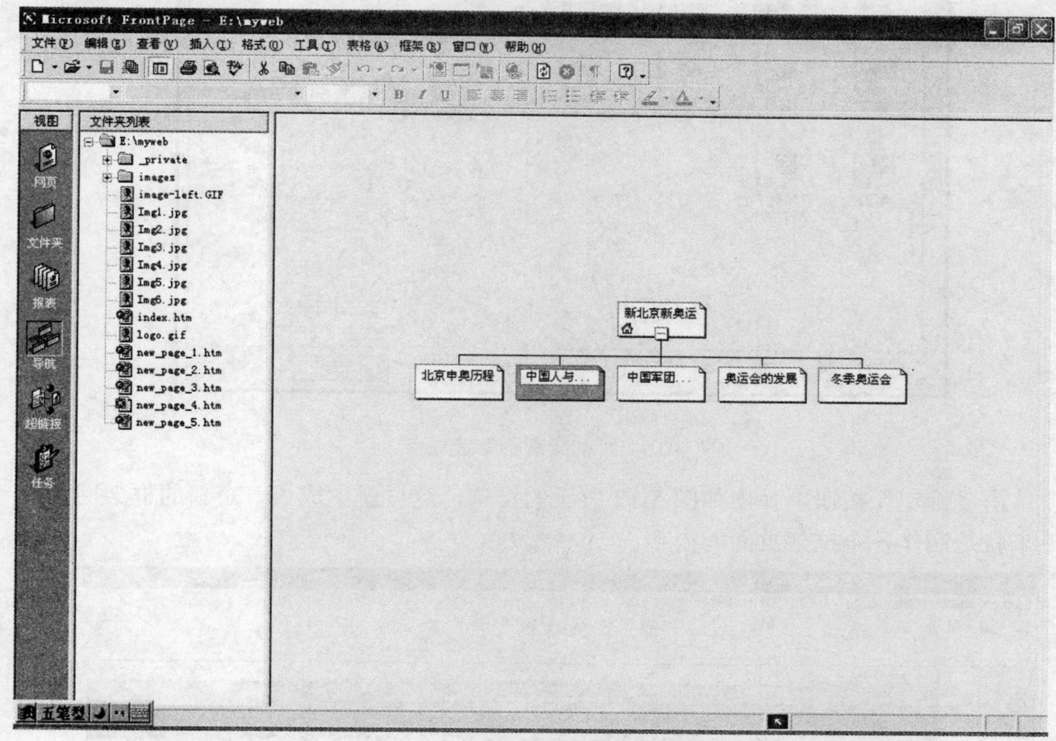

图 5-15 添加从页后的导航视图

实验二 用框架技术制作网页及网站发布

实验目的

(1) 掌握利用框架技术制作网页。

(2) 掌握书签的设置。

(3) 掌握超文本链接、动态按钮的设置。

(4) 掌握网站的发布。

实验内容

1. 制作框架网页

(1) 单击“文件”→“新建”→“网页”选项，弹出“新建”对话框，选择“框架网页”选项卡，选择其中的“标题、页脚和目录”图标，如图 5-16 所示。

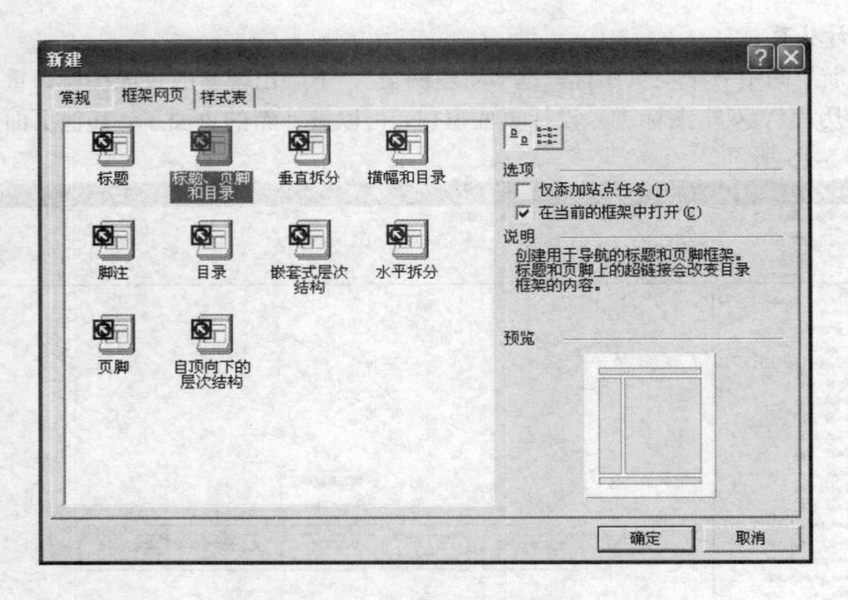

图 5-16　“框架网页”选项卡

单击“确定”按钮，弹出如图 5-17 所示的窗口，这样就生成了一个新的框架网页，接下来就是制作各个框架页面的内容。

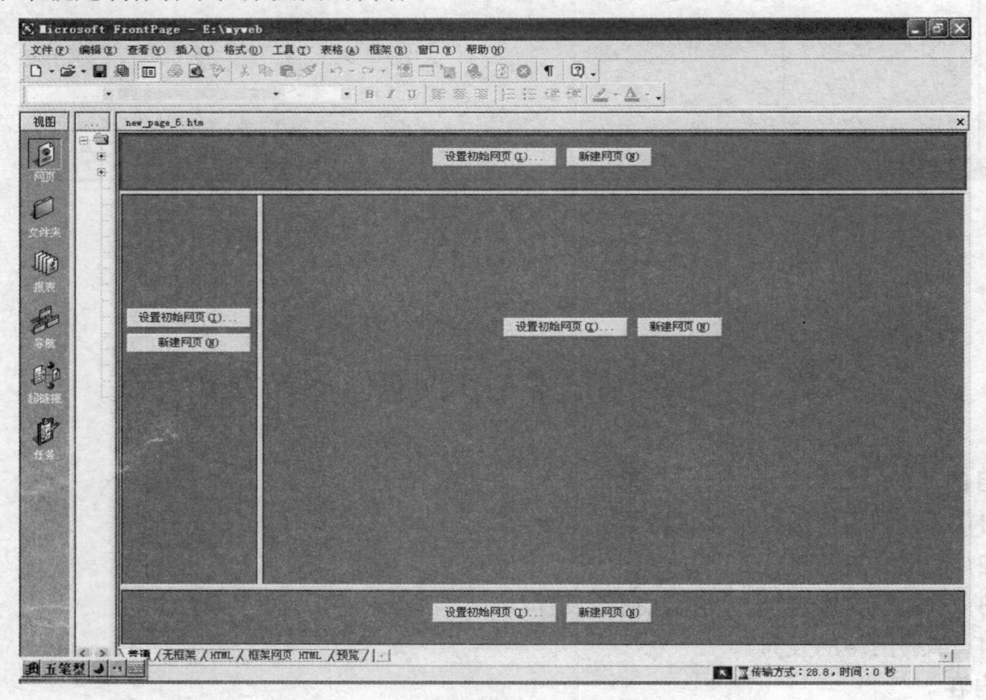

图 5-17　新建的框架网页

(2) 制作标题框架页面和页脚页面。在“标题、页脚和目录”这种类型的框架网页中，最上面的一个框架页面就是整个网页的标题部分，称为“标题框架页”。单击其中“新建网页”按钮，这样将在该框架中出现一个新页面，在其中输入文字“国家体育场”，进行相应的字体格式设置。

最下面的一个框架页面就是整个网页的页脚部分。单击其中“新建网页”按钮，输入文字“版权所有：xxh 工作室”，进行相应的字体格式设置。效果如图 5-18 所示。

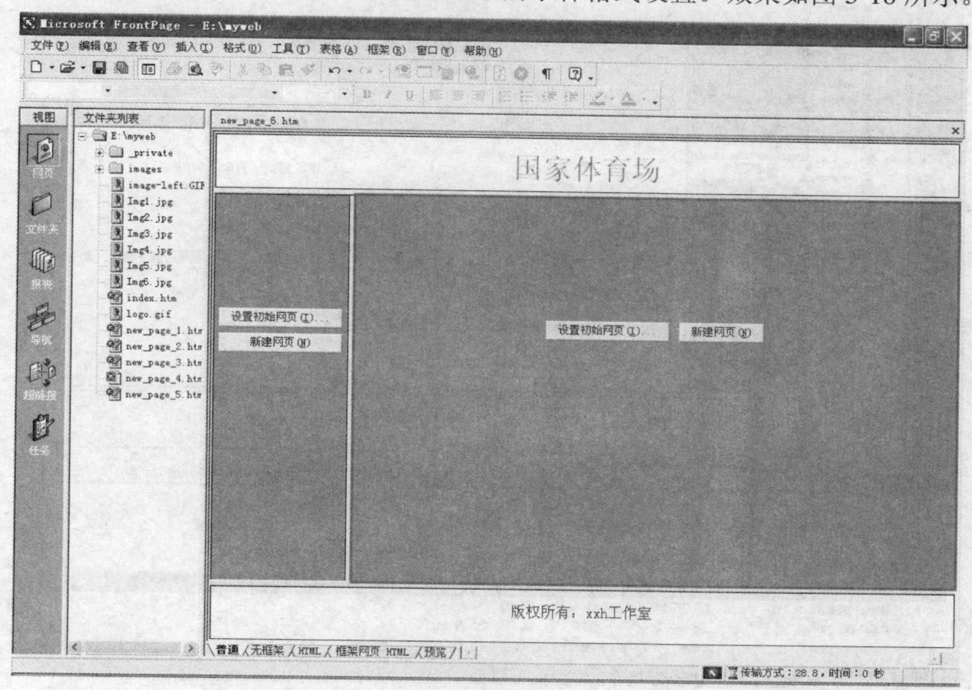

图 5-18 调整网页内容和格式

(3) 制作框架主页。在“标题、页脚和目录”这种类型的框架网页中，最右面的一个框架页面就是整个网页的主要部分，称为“框架主页面”。

单击其中“新建网页”按钮，这样将在该框架中出现一个新页面。

在该框架页面中输入一些文字：“简介国家体育场”，并将该文字样式设为“标题 1”，字体设为“隶书”，字体颜色设为“蓝绿”。按回车键换行，在该位置插入一个 1×2 的表格，用鼠标拉伸表格，并设置其宽度和高度。在表格的左单元格中，插入图片“E:\image\img11.jpeg”（计算机上存在的一个图像文件），右单元格中，输入文字“这是国家体育场鸟瞰图，位于奥林匹克公园。……”并进行相应的字体格式设置。其效果如图 5-19 所示。

将光标定于表格下一行，键入文字：“大厅景观”，并将该文字样式设为“标题 1”，字体设为“隶书”，字体颜色设为“蓝绿”。按回车键换行，在该位置插入一个 1×2 的表格，用鼠标拉伸表格，并设置其宽度和高度。在表格的右单元格中，插入图片“E:\image\img16.jpeg”（计算机上存在的一个图像文件），左单元格中，输入文字“这是国家体育场大厅景观”并进行相应的字体格式设置。其效果如图 5-20 所示。

5-19　设置第一幅图片

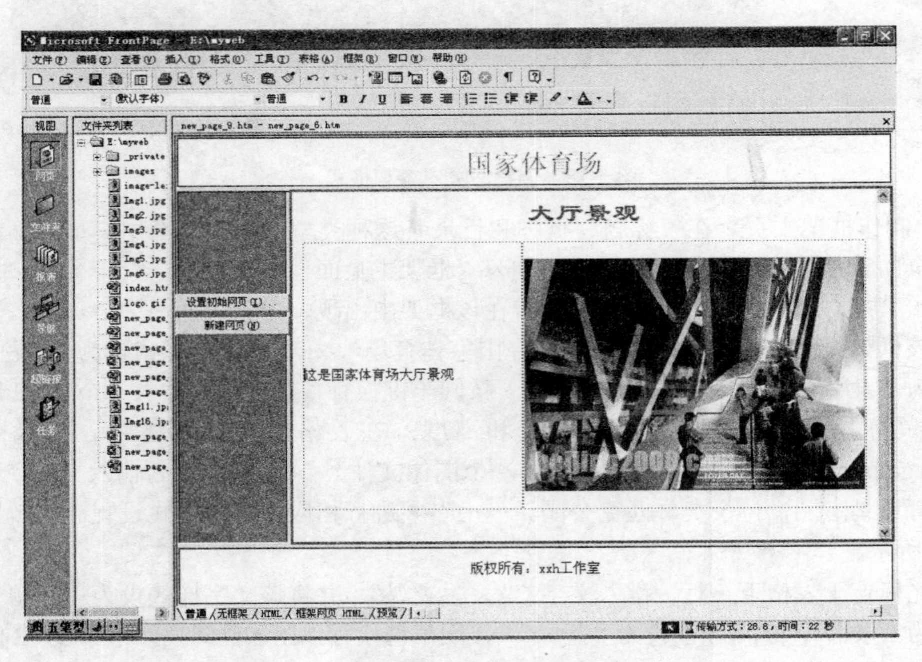

图 5-20　设置第二幅图片

利用同样方法制作“体育场夜景”和“体育场座席”等部分内容。

对框架页面进行修饰，在表格中单击右键，在“表格属性”对话框中进行如图 5-21 所示的设置。

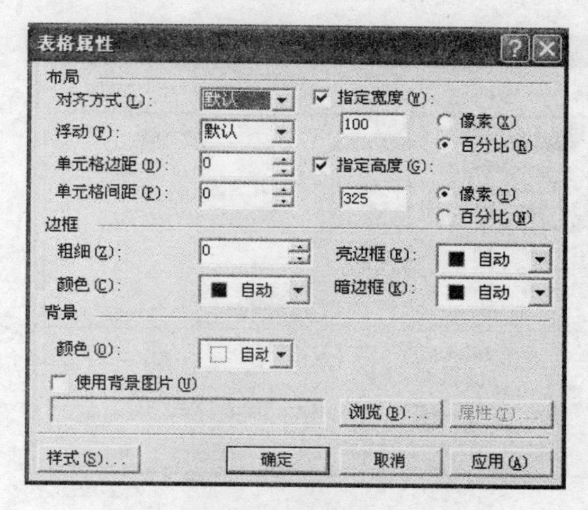

图 5-21 “表格属性”对话框

(4) 设置书签。在完成主页面总体框架制作后，为了方便浏览页面内容，我们将在页面上设置几个书签。

选中标题文字“简介国家体育场”。单击“插入”→“书签”选项，弹出“书签”对话框，单击“确定”按钮，页面中的“简介国家体育场”将被标识为书签。按同样方法将“大厅景观”也设为书签，如图 5-22 所示。

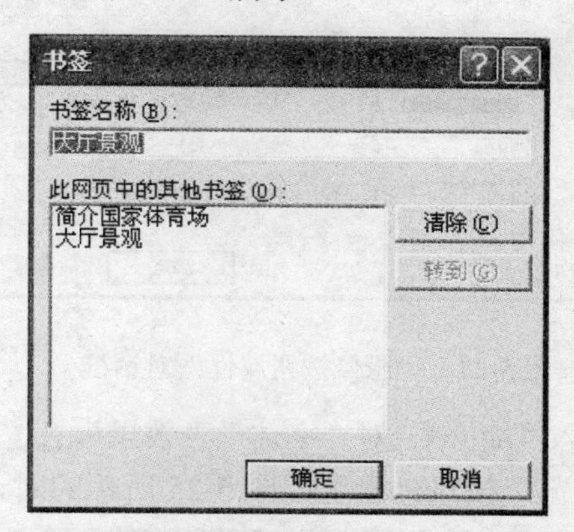

图 5-22 设置书签

同样，将“体育场夜景”、“体育场座席”也标识为书签。设置书签后，就可以引用书签来制作超文本链接。

(5) 设置文字的链接属性。在“国家体育场”、“大厅景观”、“体育场夜景”、“体育场座席”等部分内容后，分别输入“返回”字样，选中“返回”单击右键，选择“超链接”，打开如图 5-23 所示的对话框。在“可选”栏目下单击“书签”下拉列表，选其中的“国家体育场简介”，单击“确定”按钮返回。

按上述方法，依次设置其他位置的“返回”超链接属性。

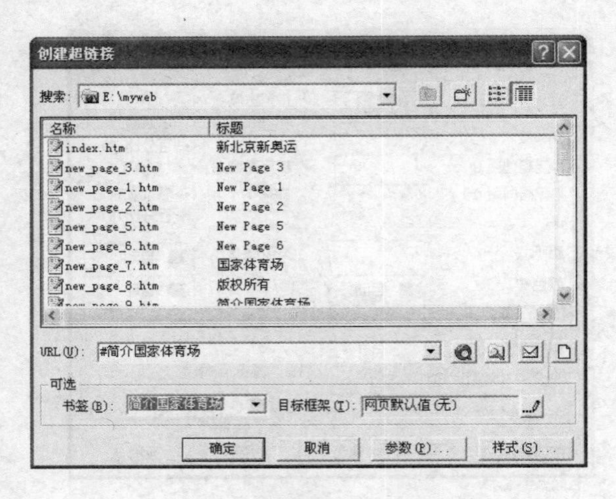

图 5-23 “创建超链接”对话框

(6) 插入与设置悬停按钮。单击最左边框架页面的“新建网页”按钮，在该窗口中显示框架中左边的一个新页面。选择“插入”→ “组件”→“悬停按钮属性”选项，弹出如图 5-24 所示的对话框。

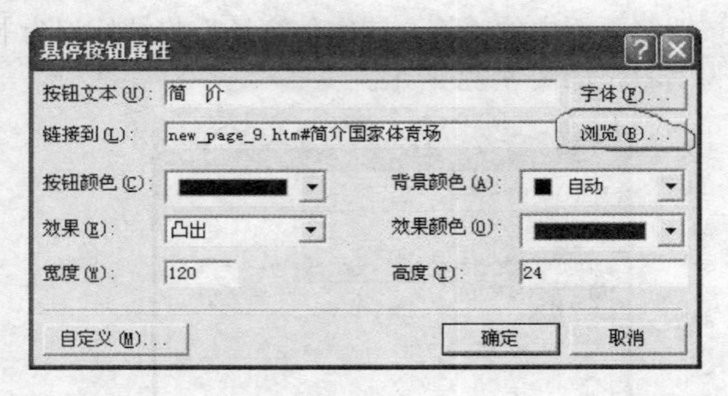

图 5-24　“悬停按钮属性”对话框

在“按钮文本”框中输入“简介”，对“字体”、“效果”、“按钮颜色”等作相应设置，单击“链接到”框后的“浏览”按钮，出现如图 5-25 所示的对话框。

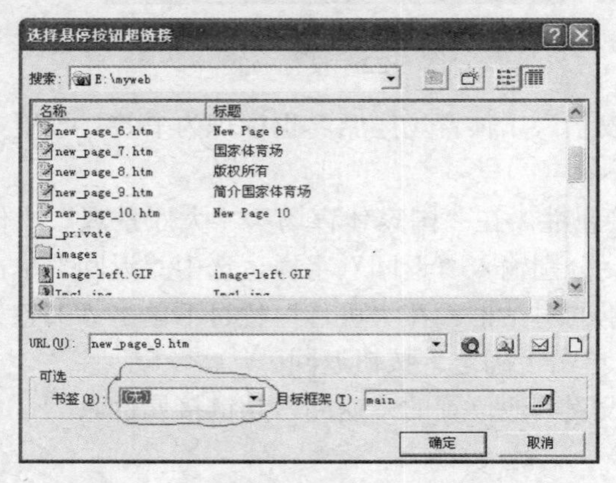

图 5-25　“选择悬停按钮超链接”对话框

在对话框中选“new_page_9.htm”文件，同时单击“目标框架”栏右侧的“铅笔图案”按钮，弹出如图 5-26 所示的对话框，在“当前框架网页”栏下选右侧的框架页面，单击“确定”按钮返回。在上图的“可选”栏的“书签”下拉列表中选择“简介国家体育场”，单击“确定”按钮返回。

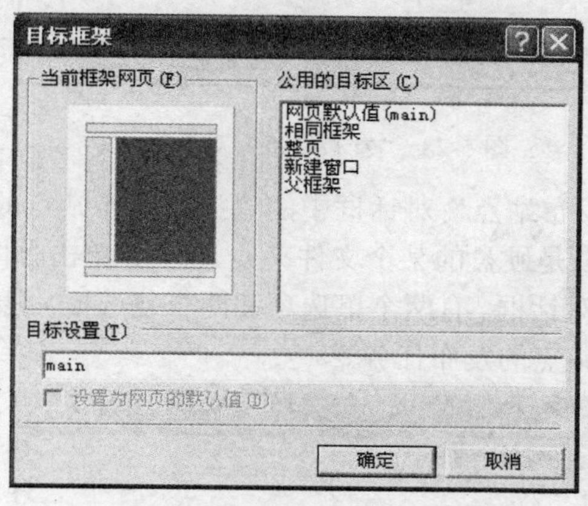

图 5-26 “目标框架”对话框

按同样方法再依次插入“大厅”、“夜景”、“座席”等三个“悬停按钮”，得到如图 5-27 所显示的效果。

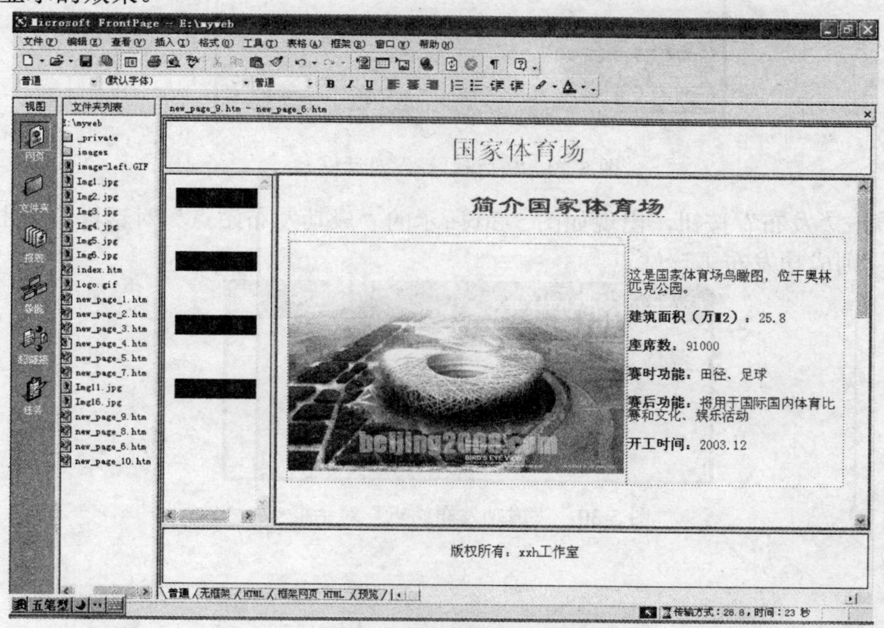

图 5-27 添加悬停按钮后的效果

至此，利用框架技术制作的网页完成了。

2. 发布站点

(1) 在 FrontPage 2000 中打开拟发布到 Web 服务器上的站点主页，单击“文件”→“发布站点”选项，弹出如图 5-28 所示的“发布站点”对话框。

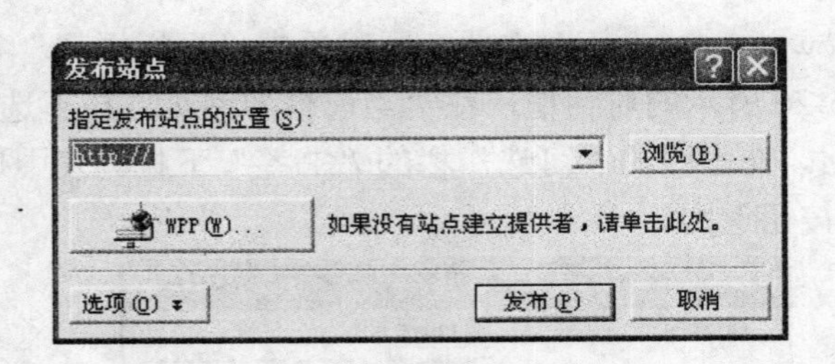

图 5-28 “发布站点”对话框

(2) 在上图所示的“发布站点”对话框中的“指定发布站点的位置”框内，填写发布站点的具体位置（也可以是硬盘的某个文件夹）。然后，单击上图左下方的“选项”按钮，弹出如图 5-29 所示的对话框。有两个单选项和两个复选框，根据实际需要加以选择。单击“发布”按钮，完成站点的发布任务。

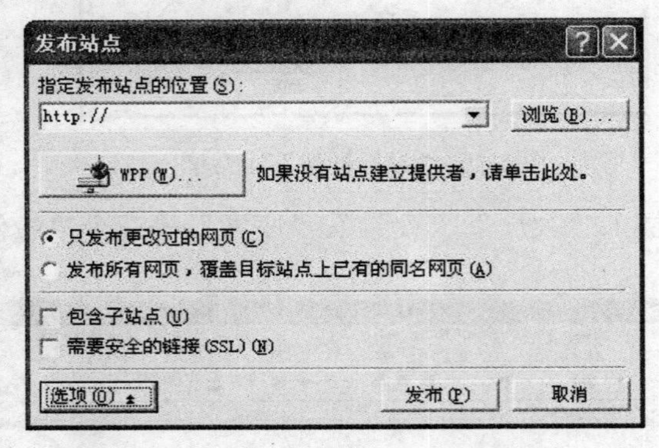

图 5-29 “发布站点”对话框

(3) 单击“发布”按钮，出现如图 5-30 所示的“成功发布站点”对话框，单击“完成”按钮，则成功发布了该站点。

图 5-30 “成功发布站点”对话框

综合实验

实验要求

(1) 选取“空站点”模板，创建名为“mytravel”的站点，将站点保存在指定的文件夹中。

(2) 此网站包含四个网页：index.htm（主页）、place.htm（地点）、equipment.htm（装备）、news.htm（信息）、knowledge.htm（常识）。

(3) 其中主页具体要求如下：

① 网页的标题为“旅游天地”。网页的背景色为浅蓝色，文本颜色为蓝色。

② 在网页的左方插入一个四行一列的表格，将表格的边框粗细设置为0，表格指定宽度为150像素，高度指定为100%。四个单元格的内容分别为：旅游胜地、旅游装备、旅游信息、旅游常识，并且居中。在表格的右方插入网页最后编辑的日期。

③ 在日期的下方插入剪贴画库中“地图”类别的“空中旅行”剪贴画，并将它移到表格的右边。

④ 分别为表格四个单元格中的文字设置超链接。其中：“旅游胜地”超链接到place.htm，“旅游装备”超链接到equipment.htm，“旅游信息”超链接到news.htm，“旅游常识”超链接到knowledge.htm。

第六单元 数据库 Access 2000 的操作

实验一 Access 的启动与数据库的建立

实验目的

(1) 解 Access 的基本界面组成。

(2) 了解数据库类型与基本组成。

(3) 掌握 Access 中用向导建立数据库的操作。

实验内容

1. 启动 Access 2000 应用程序

Access 是 Microsoft Office 办公软件中的一个部分。其打开方法和打开 Word 应用程序的方法类似。

方法一：单击“开始”→“所有程序”→“Microsoft Office 2000” →“Access”选项。

方法二：单击“开始”→“打开 Office 文档”选项，选择数据库文件。

2. Access 界面组成

通常 Access 的窗口接口可以分成五个大的部分：“标题栏”、“菜单栏”、“工具栏”、“状态区”和“数据库窗口”，如图 6-1 所示。

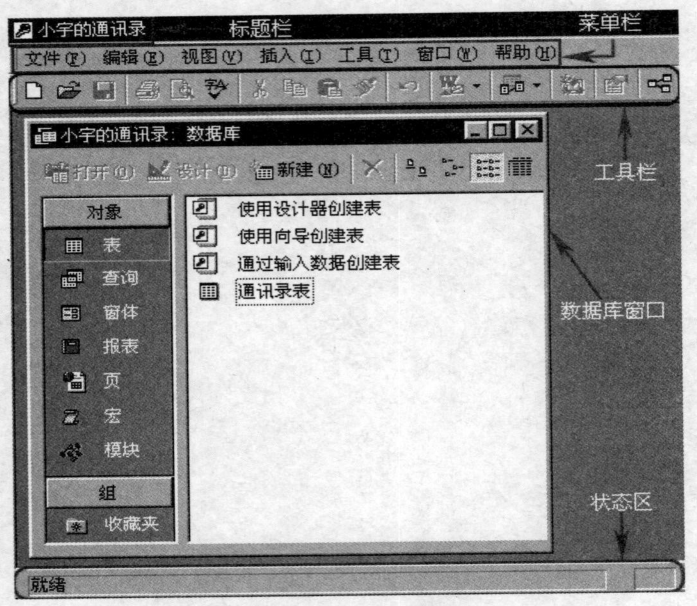

图 6-1　Access 2000 界面组成

“标题栏”、“菜单栏”、“工具栏”和“状态区”都和 Microsoft Office 的其他办公软件类似。其中数据库窗口是 Access 的核心部分，显示了数据库的组织结构和常见操作。

数据库窗口（见图 6-2）左侧数据库组件选项卡中包含两个方面的内容，上面是“对象”，下面是“组”。“对象”下分类列出了 Access 数据库中的所有对象，如选中“表”，窗口右边就会列出本数据库中已经创建的所有表。而“组”则提供了另一种管理对象的方法：我们可以把那些关系比较紧密的对象分为同一组，不同类别的对象也可以归到同一组中。比如图中的通讯簿数据库，其中的通讯簿表和通讯簿窗体就可以归为一组。在数据库中的对象很多的时候，用分组的方法可以更方便地管理各种对象。

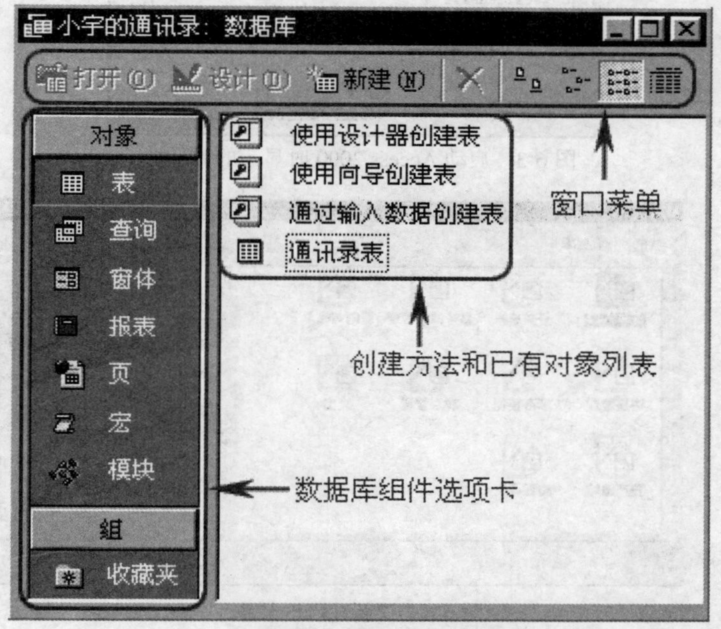

图 6-2 数据库窗口

如果想建立一个新的表，则可将鼠标移动到“对象”下面的“表”这个选项上，单击左键，“表”这个选项就会凹下去，再点击“新建”按钮，就可以新建一个表了。

如果要删除组中的对象，则需要注意：其实组中的对象只是真实对象的快捷方式。将组中对象删除，只是将对象在组中建立的这个快捷方式删除了，这并不影响这个对象及其里面的内容的完整，它仍然存在于数据库中。

3. 建立数据库

1）选择需要的数据库类型

启动 Access 时，弹出如图 6-3 所示的对话框，选择新建或打开数据库文件的方式。选择新建“空 Access 数据库”，弹出“新建”对话框，如图 6-4 所示。在使用数据库向导建立数据库之前，必须选择需要建立的数据库类型。因为不同类型的数据库有不同的数据库向导。在“常用”和“数据库”两个选项卡中选择“数据库”选项。

“数据库”选项卡里有很多类型的数据库。就好像一个旅行社可以开设几条旅游线路，每个线路要配备不同的向导一样。第一个图标是关于订单的，用这个向导可以帮助用户建立一个关于公司客户、订单等情况的数据库。

图 6-3　启动 Access 2000 时显示的对话框

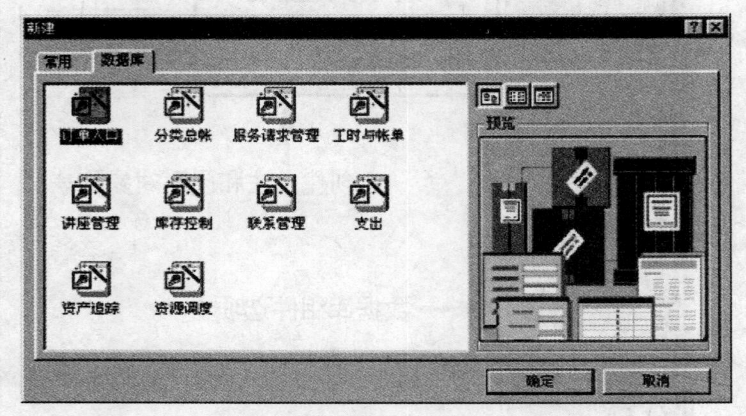

图 6-4　“新建”对话框

2）定义数据库名称和所在目录

双击“订单入口”，弹出“文件新建数据库”对话框（见图 6-5)，在“文件名”右边的文本框中输入数据库的名字，然后在文件夹目录中选择该文件的保存位置。

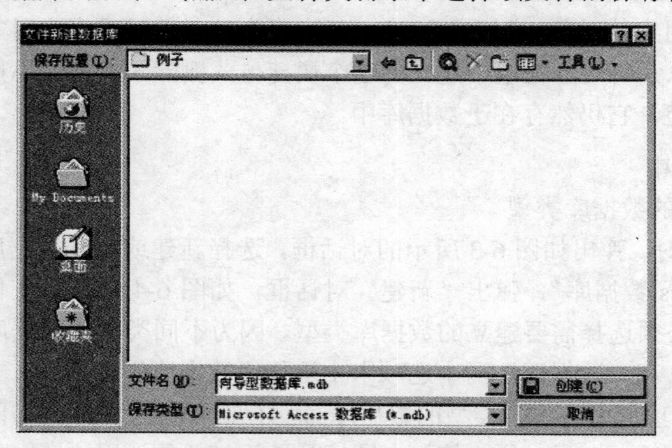

图 6-5 “文件新建数据库”对话框

将正在建立的数据库文件取名为"向导型数据库"，并选择保存类型为"MICROSOFT Access 数据库"，即将它保存为一个 Access 数据库文件。在完成了这些工作后单击窗口右下角的"创建"按钮，创建新数据库这一步就完成了。

3）选择数据库中表和表中的字段

新建完数据库后，数据库向导出现如图 6-6 所示的信息提示对话框，上面有数据库需要存储的客户信息、订单信息等很多内容。

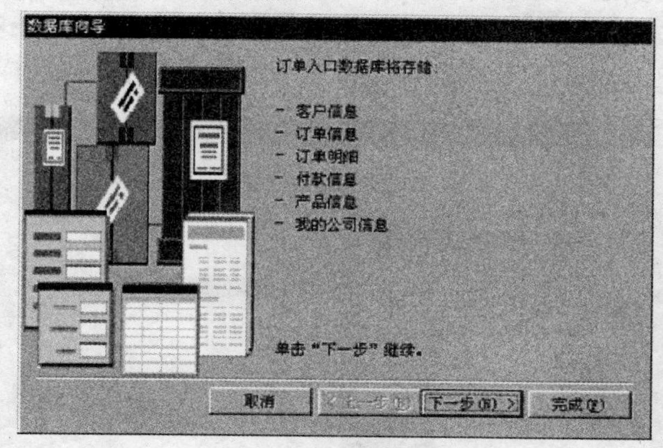

图 6-6 显示提示信息

看过这些提示信息后，单击"下一步"按钮进入向导的下一步工作。对话框中提了一个问题"请确定是否添加可选字段"，如图 6-7 所示。这个对话框分类列出了数据库中可能包含的信息，左边框中是信息的类别，右边框中列的是当前选中的类别中的信息项。

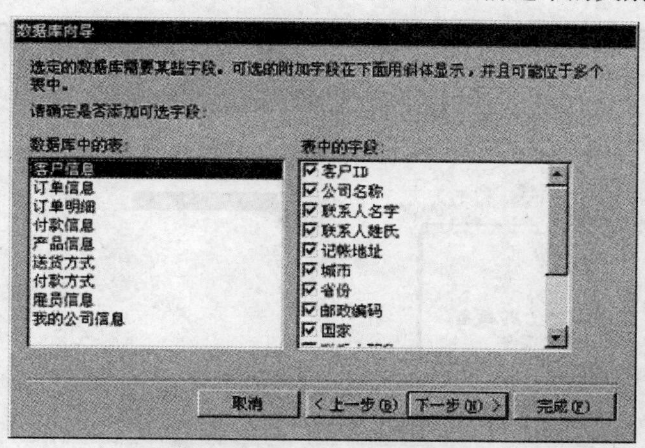

图 6-7 确定是否添加可选字段

这些信息项的前面都有一个小方框，有的小方框中有一个"√"，表示此信息项被选中了，被选中的信息项将会出现在数据库中，而没有选中的信息项就不会出现在数据库中。可以通过单击信息项前的小方框来决定数据库中是否要包含某些信息项。但要注意，绝大多数的信息项前面的对勾是不能取消的，单击它的时候会出现提示"此选项不能被取消"。这是因为使用数据库向导建立数据库的时候，向导认为有些信息项是此种类型的数据库必须包含的，它们和数据库中的窗体和报表紧密相关，所以 Access 不允许用户随便取消这些必选项目。从外观上很容易区分必选项目和非必选项目。用斜体字书写的项目就不是必选项目，可以选择也可以取消；而用正常字体书写的项目都是必选项目，不可以取消。选择好表和表中的字段，单击“下一步”按钮继续。

4）屏幕的显示方式和打印报表的样式

数据库向导进行到这一步，如图 6-8 所示的对话框中的内容要求用户选择屏幕的显示方式，也就是选择将要建立的数据库中窗口的背景、窗口上的默认字体大小和颜色。单击某个选项，窗口左边的方框中就展示出所选的“显示样式”。选择“工业”选项，单击“下一步”按钮，现在这个对话框（见图 6-9）要求用户选择打印报表的样式。

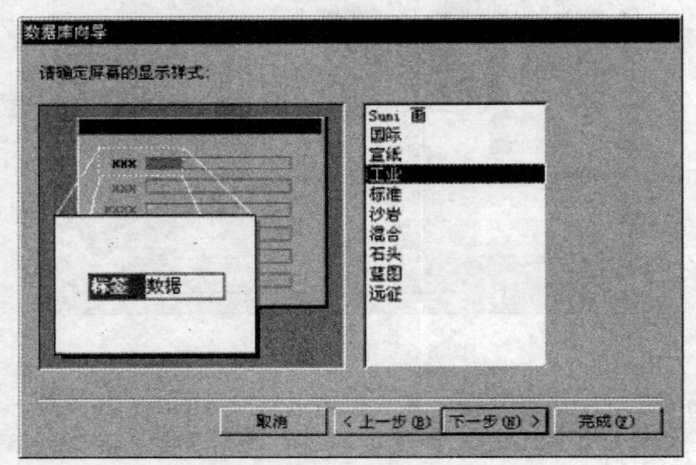

图 6-8　选择屏幕显示样式

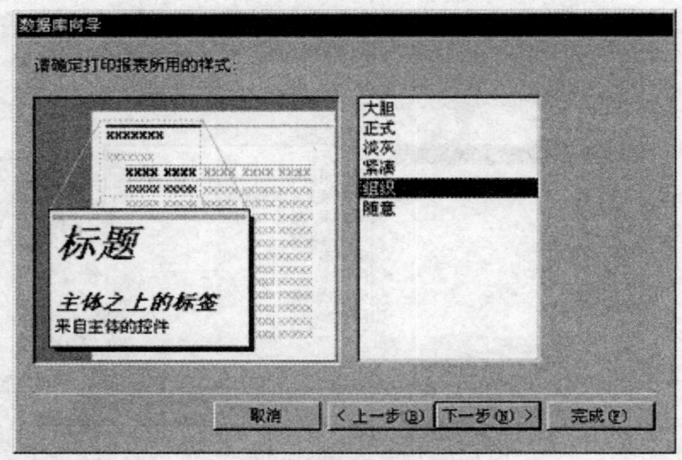

图 6-9　选择打印报表样式

打印报表就是把数据库中的数据打印在纸上，而打印报表的样式就是指打印时所用的格式。和刚才屏幕的显示样式一样，每选定一个选项，左面的方框中都会将所选的打印报表样式显示出来，选定“组织”样式。

5）　为数据库指定标题

选定打印报表的样式以后单击“下一步”按钮，现在要给新建的数据库指定一个标题。

在如图 6-10 所示的对话框上面的文本框里输入“客户订单资料库”。

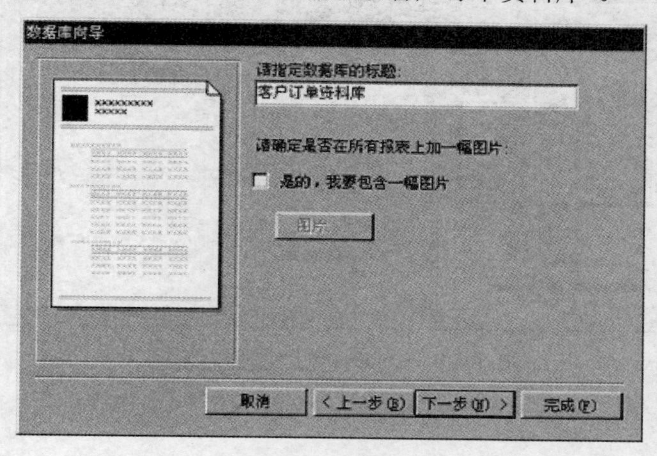

图 6-10 确定数据库标题

这个对话框中起的名字是新建的数据库入口窗体上的标题词，也就是打开这个数据库时，看到的第一个界面上的标题词，和刚才给数据库文件起的名是不一样的。“请确定是否在所有报表上加一幅图片”意思是如果想在这个数据库打印出来的所有文件报表上都加上某个图片，就可以选择“是的，我要包含一幅图片”，并通过单击“图片... ”按钮选择一幅图片。比如有的公司在打印一些报表的时候都希望将自己公司的标识打印在打印纸上，就需要选择这个选项，并且通过单击“图片... ”按钮来加载公司的标识了。单击“下一步”按钮，进入向导的下一步。

6）启动数据库

在如图 6-11 所示的对话框中“下一步”按钮的颜色变灰，表示已经是最后一步了。单击“完成”按钮就把数据库建好了。

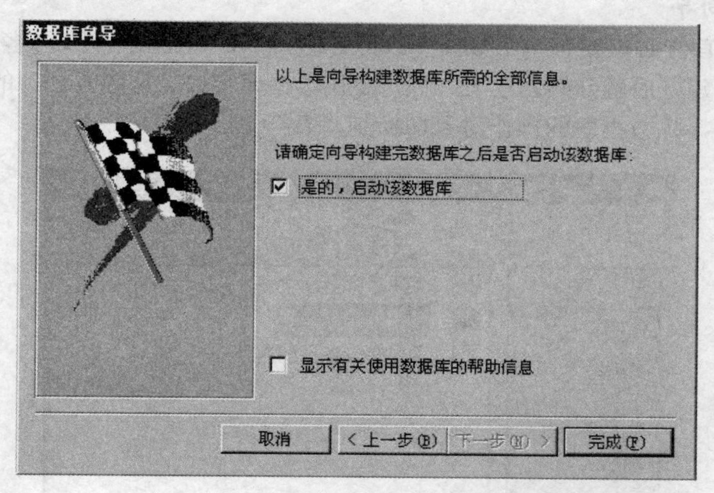

图 6-11 完成创建

经过一系列的处理，屏幕上显示的就是新建的数据库“客户订单资料库”的主窗体，如图 6-12 所示。

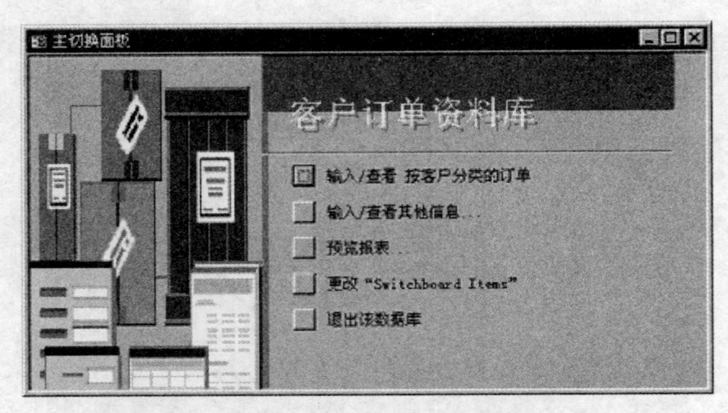

图 6-12　显示创建的数据库主体窗

实验二　表的建立与操作

实验要求

(1) 了解 Access 中表的定义和组成要素。

(2) 掌握 Access 中用表向导建立表的操作。

(3) 掌握 Access 中用表设计器修改表的操作。

(4) 掌握 Access 中在表中插入、删除和移动字段的操作。

(5) 掌握 Access 中在表中添加、修改和删除数据的操作。

实验内容

1. 启动表向导

要建立表，首先必须要有一个数据库。现在建立一个空数据库叫做“客户订单数据库”的表，空数据库建好后就开始创建表。首先要在数据库窗口（见图 6-13）的对象列表中单击“表”这一项，将数据库的操作对象切换到“表”上。

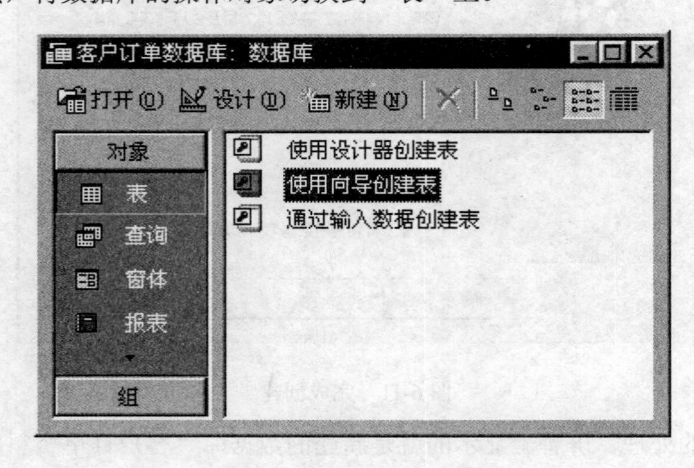

图 6-13　选择“表”选项

双击图中右侧窗格中“使用向导创建表”。启动表向导后，弹出“表向导”对话框，如图 6-14 所示。

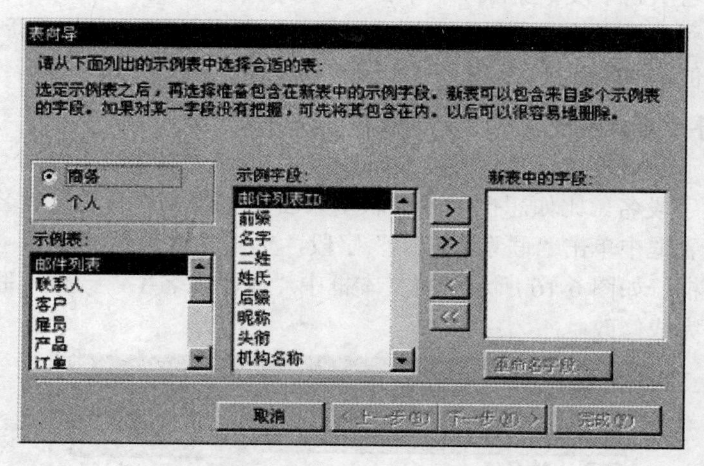

图 6-14 “表向导”对话框

2. 选择新表中的字段

在“表向导”对话框中的“示例表”列表中选择表名，然后在表的“示例字段”中选择相应的字段，再将这些选中的字段组成一个新的表。

建立一个关于客户记录的表，用来记录一个公司有哪些客户及他们的地址、联系电话、负责人等信息。根据情况来选择是“商务”还是“个人”类型。“商务”或“个人”类型所包含的“示例表”和“示例字段”中的内容不一样。这个表是用于商务的，单击“商务”选择按钮。

现在要在“示例表”列表框中看看有没有和要建立的表相类似的表，单击“客户”选项。将这个表对应的“示例字段”列表框中所需要的字段选到“新表中的字段”列表框中去。“公司名称”、“联系人”、“记帐地址”、“城市”这些选项都是所需要的。单击要选定的示例字段，再单击“>”按钮，选中的示例字段就添加到“新表中的字段”列表框中了，重复这个操作可以把所需的所有字段都添加进来，如图 6-15 所示。

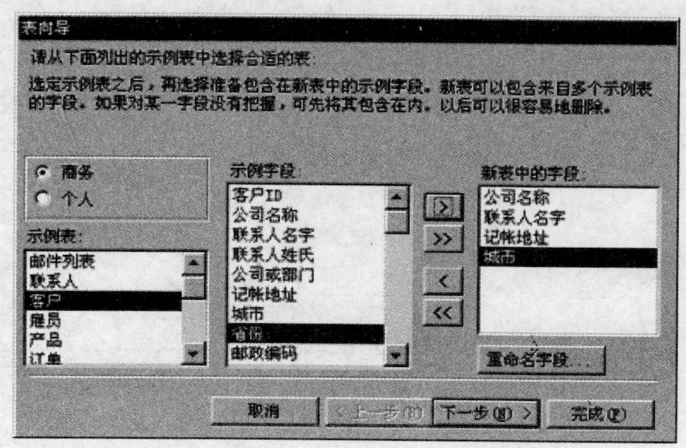

图 6-15 添加字段

如果不需要“新表中的字段”列表框中的某个字段了，在这个列表框中选中它，单击按钮“<”，就将它从新字段中删除了。单击“>>”按钮可以将“示例字段”列表框中的所有字段值都添加到“新表的字段”列表框中，而“<<”按钮则可以将“新表的字段”列表框中的所有字段值都取消。

3. 在表向导中修改字段名

如果要修改示例字段的名字，则在“新表中的字段”列表框下面有个“重命名字段...”按钮，可以修改字段名。比如想把字段“联系人名字”改成“联系人姓名”，只要在“新表中的字段”列表框中单击“联系人名字”字段，单击“重命名字段...”按钮，弹出“重命名字段”对话框，如图 6-16 所示。将文本框中“联系人名字”改成“联系人姓名”，单击“确定”按钮完成修改。

图 6-16 “重命名字段”对话框

用同样的方法把“记帐地址”改成“开户行”，把“客户 ID”改成“序号”。现在这个表需要的字段已经有了，单击“下一步”按钮。

这一步（见图 6-17）要给表指定名字，把名字改成“客户资料表”，选择“是，设置一个主键”，单击“下一步”按钮。表向导又提了一个问题“请选择表创建完之后的动作”，如图 6-18 所示。表建好之后，如果想马上把数据输入到表中，就选择第二项“直接向表中输入数据”，之后单击“完成”按钮，结束用向导创建表的过程。这样，一个表就建好了。

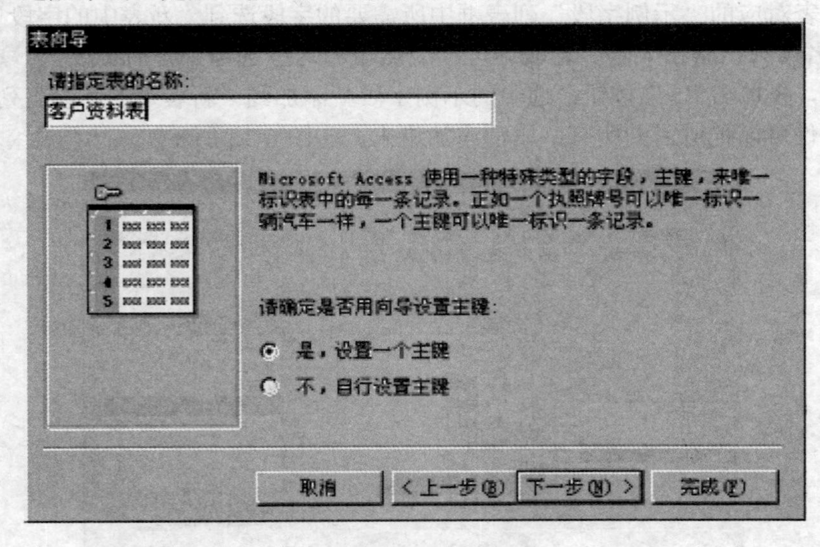

图 6-17 指定表的名称

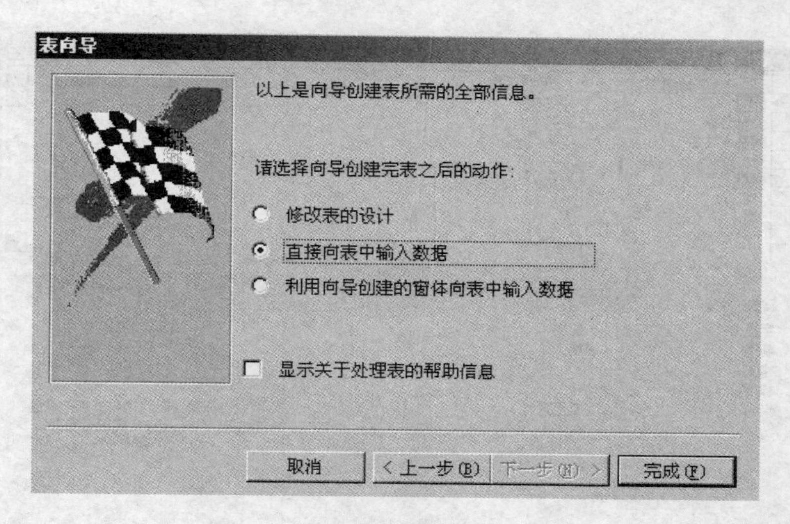

图 6-18 选择创建表之后的动作

4. 表的编辑

1）用表设计器打开表

在 Access 中，打开已有的数据库“客户订单数据库”。在数据库窗口中单击“表”选项，可以看到在数据库右边的“创建方法和已有对象列表”列表框中，除了三种创建表的方法之外，还有一个“客户资料表”选项，如图 6-19 所示。

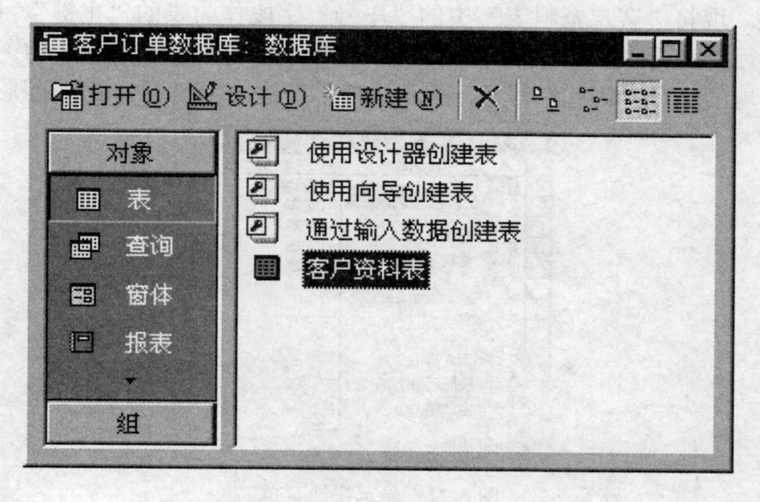

图 6-19 显示创建的表

选中“客户资料表”，再单击“设计”打开表设计器，如图 6-20 所示。

对话框分为两个部分，上半部分是表设计器，下半部分用来定义表中字段的属性。在设计器“字段名称”列中是该表中的所有字段名称，并在“数据类型”列中定义那些字段的“数据类型”。设计器中的“说明”列中可以让表设计者对那些字段进行说明。

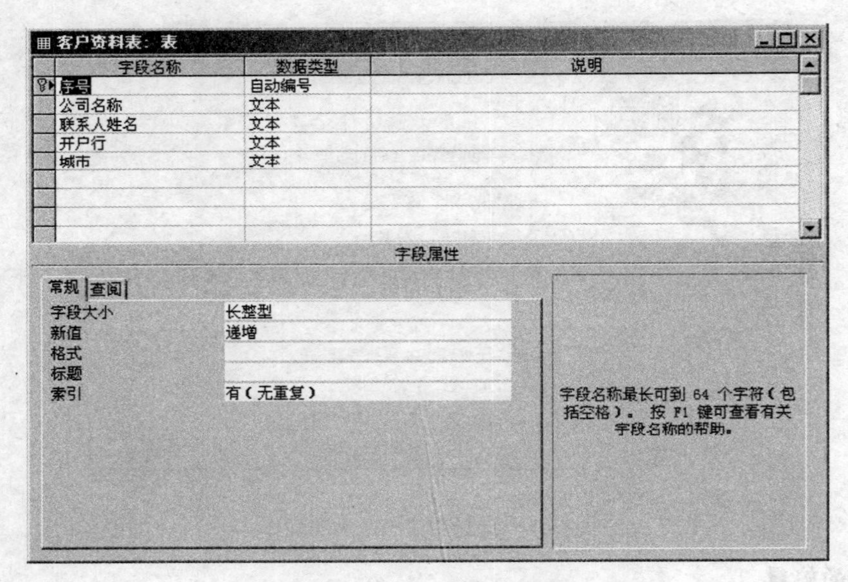

图 6-20　打开表设计器

2）为表设置主键

每个表都应该包含一个或一组这样的字段：这些字段是表中所存储的每一条记录的唯一标识，该信息即称作表的主键。指定了表的主键之后，Access 将阻止在主键字段中输入重复值或空值。现将“客户资料表”中的“序号”字段作为表的“主键”。鼠标右键单击“序号”这一行，出现如图 6-21 所示的菜单，选择“主键”选项，则在“序号”一行最左面的方格中出现了一个“钥匙”符号，表示“序号”这一字段成为表的主键了。

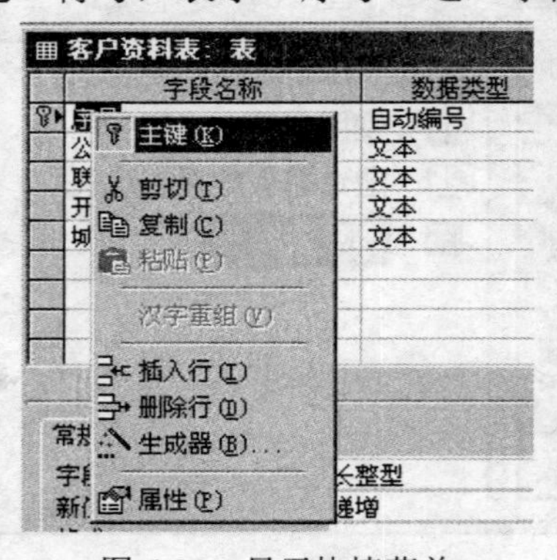

图 6-21　显示快捷菜单

3）为表中的字段设置数据类型

在表的设计视图中，每一个字段都有设计类型，Access 允许十种数据类型：文本、备注、数值、日期/时间、货币、自动编号、是/否、OLE 对象、超级链接、查询向导。

(1) **文本：**这种类型允许最大 255 个字符或数字，Access 默认的大小是 50 个字符，而且系统只保存输入到字段中的字符，而不保存文本字段中未用位置上的空字符。可以设置“字段大小”属性控制可输入的最大字符长度。

(2) **备注：**这种类型用来保存长度较长的文本及数字，它允许字段存储长达 64000 个字符的内容。但Access不能对备注字段进行排序或索引，却可以对文本字段进行排序和索引。在备注字段中虽然可以搜索文本，但却不如在有索引的文本字段中搜索得快。

(3) **数字**：这种字段类型可以用来存储进行算术计算的数字数据，用户还可以设置“字段大小”属性定义一个特定的数字类型，任何指定为数字数据类型的字型可以设置成“字节”、“整数”、“长整数”、“单精度数”、“双精度数”、“同步复制ID”、“小数”五种类型。在Access中通常默认为“双精度数”。

(4) **日期/时间**：这种类型是用来存储日期、时间或日期时间一起的，每个日期/时间字段需要8个字节来存储空间。

(5) **货币**：这种类型是数字数据类型的特殊类型，等价于具有双精度属性的数字字段类型。向货币字段输入数据时，不必键入人民币符号和千位处的逗号，Access会自动显示人民币符号和逗号，并添加两位小数到货币字段。当小数部分多于两位时，Access会对数据进行四舍五入。精确度为小数点左方15位数及右方4位数。

(6) **自动编号**：这种类型较为特殊，每次向表格添加新记录时，Access会自动插入唯一顺序或者随机编号，即在自动编号字段中指定某一数值。自动编号一旦被指定，就会永久地与记录连接。如果删除了表格中含有自动编号字段的一个记录后，Access并不会为表格自动编号字段重新编号。当添加某一记录时，Access不再使用已被删除的自动编号字段的数值，而是重新按递增的规律重新赋值。

(7) **是/否**：这种字段是针对于某一字段中只包含两个不同的可选值而设立的字段，通过是/否数据类型的格式特性，用户可以对是/否字段进行选择。

(8) **OLE对象**：这个字段是指字段允许单独地“链接”或“嵌入”OLE对象。添加数据到OLE对象字段时，可以链接或嵌入Access表中的OLE对象是指在其他使用OLE协议程序创建的对象，例如Wrod文档、Execl电子表格、图像、声音或其他二进制数据。OLE对象字段最大可为1GB，它主要受磁盘空间限制。

(9) **超级链接**：这个字段主要是用来保存超级链接的，包含作为超级链接地址的文本或以文本形式存储的字符与数字的组合。当单击一个超级链接时，Web浏览器或Access将根据超级链接地址到达指定的目标。超级链接最多可包含三部分：一是在字段或控件中显示的文本；二是到文件或页面的路径；三是在文件或页面中的地址。在这个字段或控件中插入超级链接地址最简单的方法就是在“插入”菜单中单击“超级链接”命令。

(10) **查阅向导**：这个字段类型为用户提供了一个建立字段内容的列表，可以在列表中选择所列内容作为添入字段的内容。

4）设置字段的属性

设置完字段的“数据类型”，还要设置字段的“属性”。表设计器的下半部分都是用来设置表中字段的“字段属性”，字段属性包括：字段大小、格式、输入法模式等：

(1) **字段大小**：是字段的属性之一。现在设置另一个属性：输入时的“格式”。在Access 2000中，有几种文本格式符号，使用这些符号可以将表中的数据按照一定的格式进行处理。如在“格式”文本框中输入“-”则“订货单位”的名称会向右对齐；在“格式”输入“!”符号，名称就会自动向左对齐。

(2) **输入法模式**：属性是个选择性的属性，它共有三个选项“随意”、“输入法开启”、“输入法关闭”，选中“输入法开启”项，当光标移动到这个字段内的时候，屏幕上就会自动弹出首选的中文输入法，而选择“输入法关闭”时，则只能在这个字段内输入英文和数字。不同的字段采用不同的“输入法模式”可以减少启动或关闭中文输入法的次数。而选择“随意”就可以启动和关闭中文输入法。

(3) **输入掩码：**可以控制输入到字段中的值，比如输入值的哪几位才能输入数字，什么地方必须输入大写字母等。如果要把某个字段输入的值作为密码，不让别的人看到时，就要在输入时将数据的每个字符显示成星号。这些都需要由设置字段的“输入掩码”属性来实现。设置字段的输入掩码，只要单击“输入掩码”文本框右面的“生成”按钮，就会出现“输入掩码向导”对话框，对话框上有一个列表框，比如要让这个文本字段的输入值以密码的方式输入，则单击列表框中的“密码”选项，然后单击“完成”按钮。

(4) **标题：**属性一般情况下都不设，让它自动取这个字段的字段名，这样当在窗体上用到这个字段的时候就会把字段名作为它的标题来显示。“默认值”属性只要在它的文本框中输入某段文字，那么这个字段的值在没有重新输入之前，就会以所输入的文字作为该字段中的值。

(5) **有效性规则：**是为了检查字段中的值是否有效，可以在该字段的“有效性规则”框中输入一个表达式，Access 会判断输入的值是否满足这个表达式，如果满足才能输入。输入违反该规则的字段值就无法将值输入到表中，并会提示我们不能输入与有效性规则相悖的数值。当然我们也可以单击这个属性输入文本框右面的“生成”按钮激活“表达式生成器”来生成这些表达式。而“有效性文本”这个属性中所填写的文字则是用来当用户输入错误的值时给用户的提示信息。

(6) **表达式生成器：**就是用来生成表达式的一段特殊的程序模块。通过它可以很方便地编写数据库中的各种表达式。在填写一个表的时候，常常会遇到一些必须填写的重要字段，像这个表中的“订货数量”字段就必须填写，所以要将这个字段的“必填字段”属性设为“是”。而对于那些要求得不那么严格的数据就可以设定对应字段的“必填字段”属性为“否”。“允许空字符串”属性意为是否让这个字段里存在“零长度字符串”，通常将它设置为“否”。

(7) **索引：**是表中一个重要的属性，当建立一个很大的数据库的时候，就会发现通过查询在表中检索一个数据信息很慢。通过分析发现，当要在一个表中的查询“订货单位”字段内的某个值时，会从整个表的开头一直查到末尾，而若将表中额值进行排序，那同样的查询工作对“订货单位”字段检索的记录数就可以少很多，速度也自然会变得更快，所以很多表都需要建立索引，而“索引”字段就是为了定义是否将这个字段定义为表中的索引字段。“无”是不把这个字段作为索引，“有（有重复）”和“有（无重复）”这两个选项都表示这个字段已经是表中的一个索引了，而“有（有重复）”允许在表的这个字段中存在同样的值，“有（无重复）”字段则表示在这个字段中绝对禁止相同的值。对于“订单信息表”，由于一个订货单位会多次订货，也就要签订多份订单，所以若要把这个字段作为表的索引时就需要将它的“索引”属性设为“有（有重复）”。

(8) **UNICODE 压缩：**属性中的“UNICODE”是微软公司为了使一个产品在不同的国家各种语言情况下都能正常运行而编写的一种文字代码，使用这种 16 位代码时只需要一个 UNICODE 就可以存储一个中文文字或英文字符。但实际上在计算机中本来只要 8 位就可以存储一个英文字符，所以使用这种“UNICODE”方式实际上是比较浪费空间的。因此微软又采用了对数字或英文字符进行“UNICODE 压缩”的技术。所以这个属性我们都选择“是”，这样可以节省很多空间。字段属性栏右面的提示文字可以随时提供一些帮助。

5）在表中插入、删除和移动字段

如果在创建表的时候忘记了某项内容，现在也可以再把它加进去，只要在原来的表中再添加一个字段就可以了。在已有的表中不仅能添加字段，而且还可以删除字段。

(1) 插入：在“公司名称”与“联系人姓名”两个字段之间加入一个“公司地址”字段。首先把鼠标移动到“联系人姓名”字段的标题上，鼠标光标变成一个向下的箭头，单击鼠标右键，在弹出的菜单中单击“插入列”命令，在“联系人姓名”字段前面插入了一个新的字段。新插入的字段名是“字段 1”，“字段 1”是默认名称。需要改变字段名，将鼠标移动到“字段 1”的标题处，双击鼠标左键，标题就变成修改状态。将“字段 1”改成“公司地址”，完成后按回车键。这样“公司名称”和“联系人姓名”两个字段之间多了一个叫“公司地址”的字段，如图 6-22 所示。

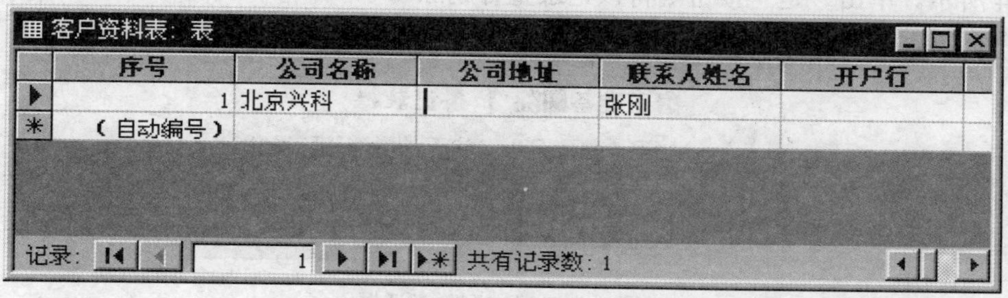

客户资料表：表

	序号	公司名称	公司地址	联系人姓名	开户行
▶	1	北京兴科		张刚	
*	（自动编号）				

记录：1 共有记录数：1

图 6-22 插入字段

(2) 删除：要想删除表中的某个字段，可以先将鼠标移动到这个字段的标题处，这时鼠标变成向下的箭头，单击鼠标右键选中这个字段，整个字段都变成黑色并弹出了一个菜单，单击菜单中的“删除列”选项，弹出对话框，提问是否确定要删除这个字段及其中的数据。单击“是”按钮可以将这个字段删除。但在删除字段时要注意，在删除一个字段的同时也会将这个字段中的数值全部删除。

(3) 移动：在数据表中调整“邮政编码”字段的位置，首先将鼠标移动到“邮政编码”字段的标题处，鼠标变成向下的箭头，单击鼠标右键选中这个字段，等它都变成黑色后，按住鼠标左键，拖动到字段“公司地址”的后面，松开左键，这个字段就移动到“公司地址”的后面了。

6）在表中添加、修改和删除数据

(1) 添加：表的结构设置完毕后，接下来向表中添加数据。先在表中输入几个数。在一个空表中输入数据时，只有第一行中可以输入。单击表中的“公司名称”字段和第一行交叉处的单元格，单元格内出现闪动的光标，表示可以在这个单元格内输入数据了。输入“北京兴科”，其他的数据都可以按照这种方法来添加。用键盘上的左、右方向键可以把光标在方格间左右移动，光标移动到哪个方格，就可以在那个表格中输入数据。在“联系人姓名”字段内，输入“张刚”，如图 6-23 所示。

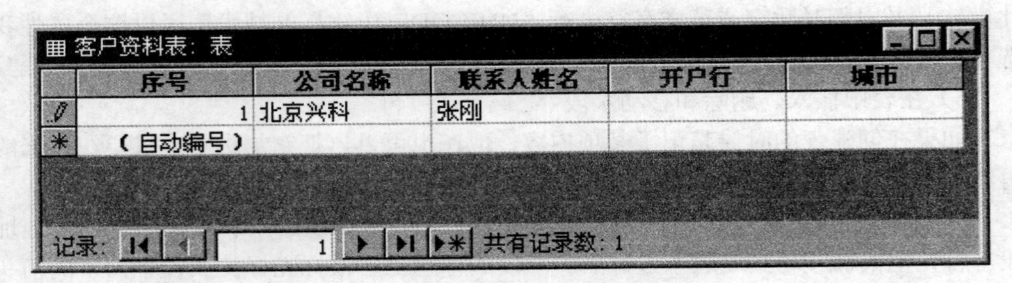

图 6-23 输入数据

(2) 删除：在表中如有多余的记录，可以将这条记录删除。将光标移动到将要删除的这条记录的最左边，当鼠标变成“→”形状时，单击，选中该条记录这一整行，单击右键快捷菜单中的“删除记录”命令或按下键盘上的“Delete”键，出现确认删除对话框，如图 6-24 所示。单击“是”按钮则将该记录整行删除。

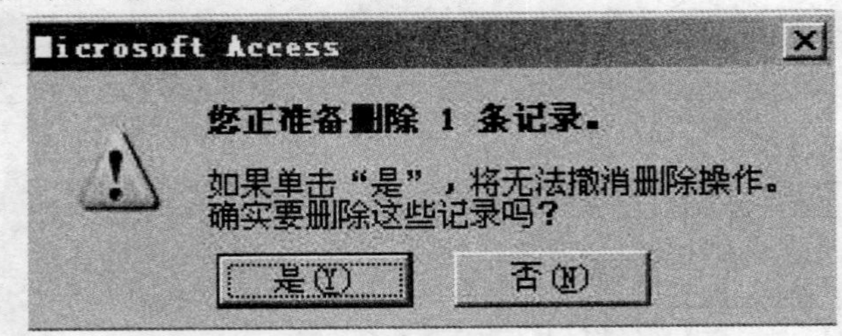

图 6-24 确定删除对话框

实验三 建立简单的查询

实验目的

(1) 了解 Access 查询的定义及其与表的关系。

(2) 掌握 Access 中建立简单查询的步骤。

实验内容

1. 为建立查询做准备

“查询”看起来就像新建的“表”的数据表视图一样。“查询”的字段来自很多互相之间有“关系”的表，这些字段组合成一个新的数据表视图，但它并不存储任何的数据。当改变“表”中的数据时，“查询”中的数据也会发生改变。计算的工作也可以交给它来自动地完成。最实用的“查询”是“选择查询”，就是从一个或多个有关系的表中将满足要求的数据提取出来，并把这些数据显示在新的查询数据表中。

建立一个“订单”查询，这个查询的目的是将每份订单中的各项信息都显示出来，包括“订单号”、“订货公司”、“货品名称”、“货物单价”、“订货数量”、“订货金额”、“经办人”和“订货时间”这些字段。

在 Access 中打开“客户订单数据库”，然后单击“对象”列表中的“查询”，如图 6-25 所示，并在右侧的列表中双击“在设计视图中创建查询”。

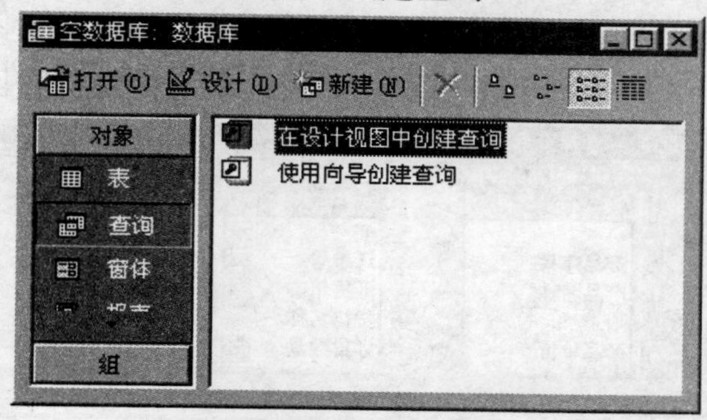

图 6-25 选择“查询”对象

2. 选择需要查询的表

双击“在设计视图中创建查询”后，出现查询窗口，且前端显示“显示表”对话框，如图 6-26 所示。单击“显示表”对话框上的“两者都有”选项，在列表框中选择需要的表或查询。“表”选项卡中只列出了所有的表，“查询”选项卡中只列出了所有的查询，而选择“两者都有”就可以把数据库中所有“表”和“查询”对象都显示出来。

单击所需要的表或查询，然后单击对话框上的“添加”按钮，这个表的字段列表就会出现在查询窗口中。将“客户订单数据库”中的“订单信息表”和“产品信息表”都添加到查询窗口中。添加完提供原始数据的表后，就可以把“显示表”窗口关闭，回到查询窗口中准备建立“查询”。

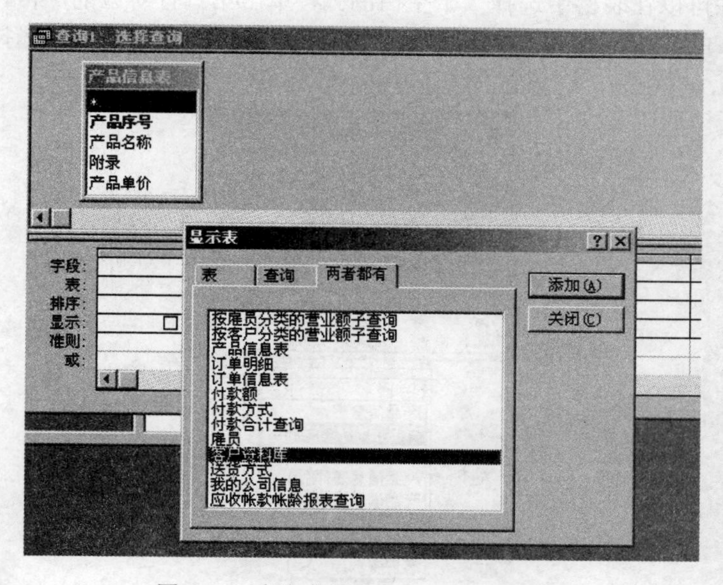

图 6-26 查询窗口及“显示表”对话框

3. 认识查询设计视图

查询窗口可以分为两大部分，如图 6-27 所示，窗口的上面是“表/查询显示窗口”，下面是“示例查询设计窗口”，“表/查询显示窗口”显示查询所用到的数据来源，包括表、查询。窗口中的每个表或查询都列出了它们的所有字段，一目了然。下方的示例查询窗口则是用来显示查询中所用到的查询字段和查询准则。而当前窗口中的菜单、工具栏都发生了变化：添加了“查询”菜单，包含了一些查询操作专用的命令，比如“执行”、“显示表”、“查询类型”、“合计”等。同样这些特殊的命令也表现在工具栏上。

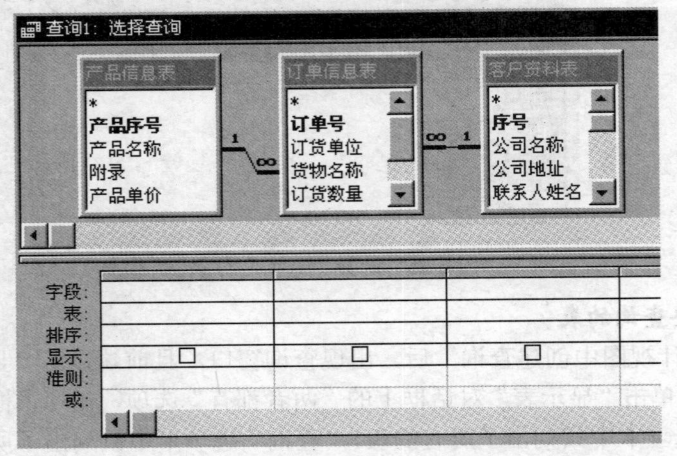

图 6-27　查询窗口界面

4. 为查询添加和删除目标字段

现在往查询设计表格中添加字段。所添加的字段叫做“目标字段”，向查询表格中添加目标字段有两种方法：

第一种方法可以在表格中选择一个空白的列，单击第一行对应的一格，格子的右边出现一个带下箭头的按钮，单击这个按钮出现下拉框，在下拉框中就可以选择相应的目标字段了(见图 6-28)，选中表“订单信息表”中的“订单号”字段。

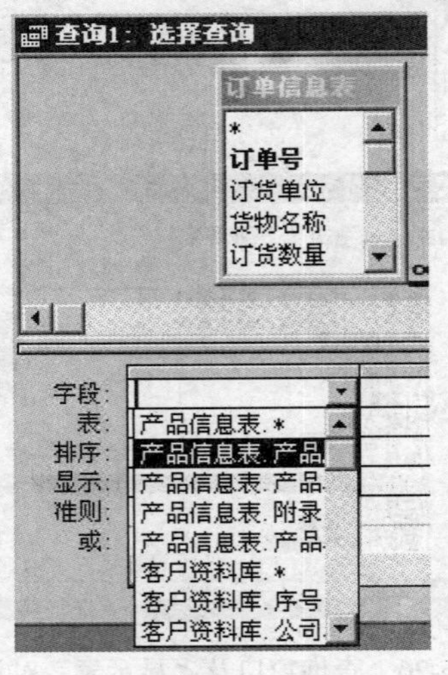

图 6-28　选择目标字段

如果在几个表中都有同样的字段，Access 中也很容易区分。在查询表格的第一格的下拉框中寻找对应目标字段时，字段前面都有字段所在的表格/查询名，如“订单信息表.产品名称”字段就表示它是“订单信息表”中的“产品名称”字段。

第二种方法更简单，如果要添加“订单信息表”中的“订货单位”字段，就先选中“订单信息表”这个表，然后在它的列表框中找到需要的字段“订货单位”，将鼠标移动到列表框中标有这个字段的选项上，按住鼠标左键，这时鼠标光标变成一个长方块，拖动鼠标将长方块拖到下方查询表格中的一个空白列，放开鼠标左键，这样就完成了将“订单信息表”中的“订货单位”字段添加到查询表格中了。在“表/查询”窗口中如果有很多对象时，这种方法就比第一种方法显得方便多了。

如果要删除一个目标字段，将鼠标移动到要删除的目标字段所在列的选择条上，光标会变成一个向下的箭头，单击鼠标左键将这一列都选中，敲击键盘上的“Delete”键，选中的目标字段即被删除。

5. 查询的数据表视图

“表”可以在设计视图和数据表视图中切换，“查询”同样也可以在设计视图和数据表视图中切换。将表切换到数据表视图，就可以看到“查询”结果了。将鼠标移动到工具栏左上角的第一个工具按钮处，就会弹出一个“视图”提示标签，单击它就可以从查询设计视图切换到数据表视图。

查询的数据表视图看起来很像一般的表，但它们之间还是有很多差别的。在查询数据表中无法加入或删除列，而且不能修改查询字段的字段名。这是因为由查询所生成的数据值并不是真正存在的值，而是动态地从表对象中调来的，是表中数据的一个镜像。查询只是告诉 Access 需要什么样的数据，而 Access 就会从表中查出这些数据的值，并将它们反映到查询数据表中来罢了，也就是说这些值只是查询的结果。上一步骤选择目标字段就是告诉 Access 需要哪些表、哪些字段，而 Access 会把字段中的数据列成一个表反馈回来。

6. 汇总数据

现在的数据表还没算出每份订单所涉及的“销售总金额”，可以在查询中使用表达式来计算。先在查询的设计窗口中添加一个目标字段，就是查询数据表中最后的“销售总金额”字段，因为这个字段不在任何一个表中，所以必须手动将它输入到查询表格的一个空列中。

在列的字段行首先输入“销售金额”，然后输入“:”（注意必须输入英文模式下的“:”），接着输入“[产品信息表]![产品单价]*[订单信息表]![订货数量]”，现在再切换到查询的数据表视图看看结果，查询新增了“销售总金额”列，并且自动算出了每份订单中涉及的金额，如图 6-29 所示。

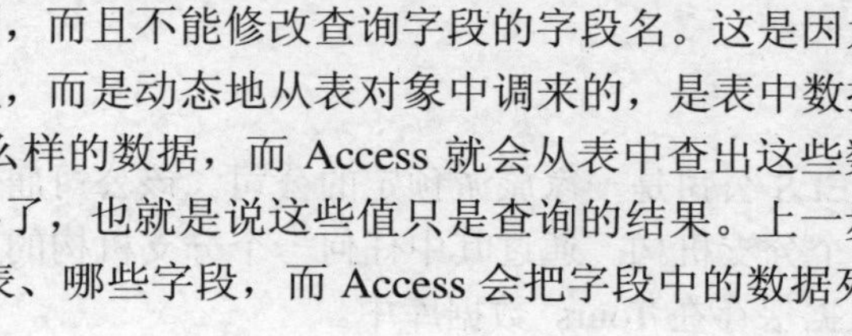

查询1：选择查询

公司名称	联系人姓名	销售总金额
北斗科技有限公司	李敏	￥75,000.00
北京兴科	张刚	￥37,500.00
前途(北京)有限公司	周卫平	￥114,800.00
上海天渊有限公司	王天玲	￥39,800.00
同行软件有限公司	裘明霞	￥600,000.00

图 6-29 显示查询结果

在书写计算表达式的时候必须注意格式：首先是字段名称，接着是“:”然后是表达式的右边部分，在用到本查询中的目标字段时，必须将字段名用方括号括起来，在字段名前面加上“[所用表的表名]!”符号来表示它是哪个表中的字段。

7. 保存新建的查询

做完上述操作后，把新建的查询保存起来。单击“文件”→“保存”选项，屏幕上弹出一个对话框(见图 6-30)，询问如何命名这个查询：

图 6-30 “另存为”对话框

在查询名称文本框中输入新的名称，单击“确定”按钮保存结果。

综合实验

实验要求：

背景：FUN TRAVELS 公司是一家旅游预定的公司。该公司雇佣了若干名业务员，分别安排在全国各地 50 个分支机构。通过其中任何一个分支机构的业务员，客户都可以预定一次旅行。该公司数据保存在 Tours 数据库中。

实验内容

第一部分：

创建一个 Tours 数据库，该库包含以下各表，并根据描述指定合适的数据类型及字段大小：

表名：operator　字段描述：

oper_cd 旅行业务员代码　oper_nm 名字　oper_add 地址　oper_telno 电话号码　oper_faxno 传真号码　oper_email 电子邮件地址

表名：cruise　字段描述：

cruise_cd 旅行代码　cruise_nm 旅行名称　oper_cd 旅游业务员代码　des_city 目的地城市　country_nm 国家名称　duration 旅行时间(按天计)　price 每位价格(按美元计)　airfare 飞机票价含在价格中(Y-是,N-否)。

表名：cruise_book　字段描述：

cruise_cd 旅行代码　start_dt 行程开始日期　tot_seats 座位总数　seats_avail 未预定座位数

表名：customer 字段描述：

cust_cd 客户代码　cust_nm 姓名　cust_add 住址　tel_no 电话号码
e_mail 电子邮件地址　cruise_cd 所预定旅行代码
start_dt 所预定旅行开始日期　no_of_per 预定人员数

为表设置主键，要求如下：
operator:　oper_cd
cruise:　cruise_cd
cruise_book:　cruise_cd　start_dt
customer:　cust_cd

为表设置字段关联，要求如下：
cruise:　oper_cd 关联　operator 表中的 oper_cd
cruise_book:　cruise_cd 关联　cruise 表中的 cruise_cd
customer:　cruise_cd 关联　cruise 表中的 cruise_cd

为表设置检查约束，要求如下：
cruise:　duration > 0, price > 0, airfare = 'Y' or 'N'
cruise_book:　start_dt 必须大于系统日期

为表设置默认字段值，要求如下：
customer:　no_of_per = 1

第二部分：

1. 对每个表添加数据

表名：operator

Oper_cd	Oper_nm	Oper_add	Oper_telno	Oper_fax	Oper_email
1	Dream tours	New York	3434738	5459455	zy@.com
2	Fleur	USA	4757339	6950495	ly@.com

2. 针对所填入的数据进行查询与更新

（1） 查询 oper-cd 为 2 的 oper-nm 和 oper-email。
（2） 查询 oper-telno 中第一数位是 4，第三位是 5、6、7、8 的人的信息。
（3） 将表中 oper_cd 等于 2 的 oprt_nm 改为 Tonney。

第七单元　常用工具软件的使用

实验一　IE 浏览器和电子邮件的使用

实验目的

(1) 熟悉 IE 的基本操作。

(2) 掌握邮件软件的使用。

实验内容

1. IE 的基本操作

1）启动 IE 浏览器

双击 Windows 桌面中 IE 图标，或单击“开始”→“程序”→“Internet Explorer”选项，或单击桌面底部启动栏中的 IE 图标，即可启动 IE 浏览器窗口。

2）设置 IE 浏览器主页

IE 浏览器启动后，单击“工具”→“Internet 选项”选项，如图 7-1 所示。

图 7-1　在 IE 浏览器中选择 Internet 选项

在打开“Internet 选项”对话框中选择“常规”标签，在“主页”栏的“地址（R）”项后面的文本框中输入江苏技术师范学院主页地址：

“http：//www．jstu．edu．cn”

如图 7-2 所示，然后单击“确定”按钮。

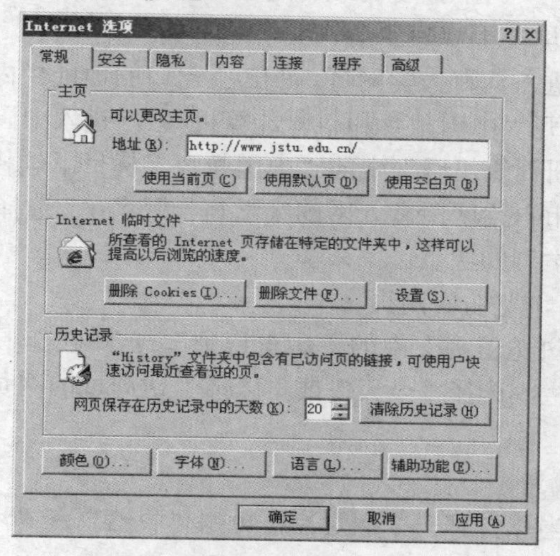

图 7-2 设置主页的网页地址

3）浏览 Web 页

(1) 浏览江苏技术师范学院主页。当把“http: //www. jstu. edu. cn”设置为启动主页后，单击工具栏上的“刷新”按钮，则可以打开新设置的主页。

(2) 浏览南京大学主页。在 IE 主窗口的地址栏内输入网址：“http: //www. nju. edu. cn / ”，按回车键，即可在屏幕上观察到南京大学的主页，如图 7-3 所示。

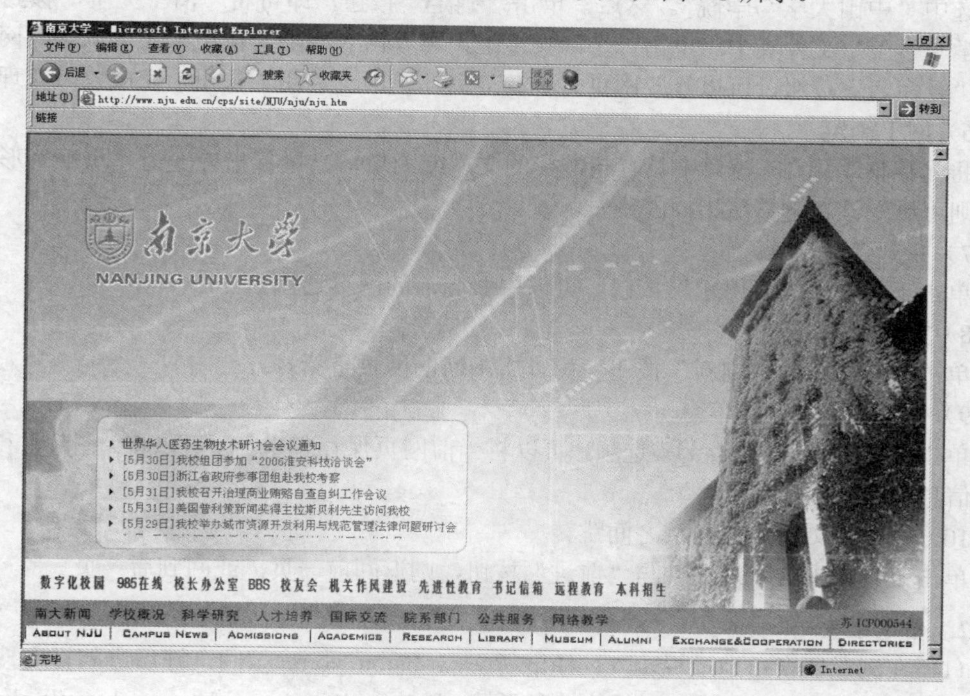

图 7-3 显示网页

(3) 浏览清华大学主页。在IE主窗口的地址栏内输入网址:“http://www. tsinghua. edu. cn”，按回车键，即可在屏幕上观察到清华大学的主页。

(4) 通过友情链接进入河海大学网页。在IE主窗口的地址栏内输入网址:“http://www. edu. cn”，按回车键，打开“中国教育和科研计算机网”，进入中国教育和科研计算机网主页。在“中国教育和科研计算机网”中的“中国教育”栏目下选择“中国大学”链接，浏览器窗口出现全国各省市自治区所有入网的大学与学院名单。选择江苏地区的“河海大学”链接，则进入“河海大学”的主页。

4）从“历史记录”浏览访问网页

单击“查看”→“浏览器栏”中的“历史记录”，或单击工具栏中的“历史记录”按钮，打开历史记录浏览栏。选择“今天”或“以前”访问过的网页地址，单击即可打开相应的网页。

5）添加和整理收藏夹

(1) 添加收藏夹：当你打开一个网页后，单击“收藏”→“添加到收藏夹”选项，打开“添加到收藏夹”对话框。单击“创建到”按钮，在选择栏中选择“链接”文件夹，也可以选择其他文件夹，单击“确定”按钮，即可将打开的网页地址收藏在“链接”文件夹中。例如，打开清华大学网页，将其添加到收藏夹中。

(2) 整理收藏夹：单击“收藏”→“整理收藏夹”选项，打开“整理收藏夹”对话框。在对话框中单击“创建文件夹”按钮，在右边出现新文件夹栏中输入“中国大学与学院”。选定“链接”文件中的“清华大学”，单击“移至文件夹”按钮，在“浏览文件夹”对话框中选中“中国大学与学院”。然后，单击“确定”按钮，即可将“清华大学”移到“中国大学与学院”文件夹中。单击一个网页地址，再单击“删除”按钮，还可以删除网页。单击“重命名”按钮，可以修改网页名称。最后，单击“关闭”按钮，完成收藏整理。

6）网上浏览

将光标移动到 IE 窗口中具有超链接的文本或图像，当鼠标指针变为“小手”形时，单击则可进入该超链接所指向的网页。

7）断开当前连接

单击工具栏中的“停止”按钮，可以中断当前的网页连接。

8）重新建立连接

单击工具栏中的“刷新”按钮，可以将中断的网页重新打开。

9）保存当前的网页信息

单击“文件”→“另存为”选项，可以将当前网页保存起来。还可以将“图片”和“文本”信息保存到本地盘上。

10）在已经浏览过的网页之间跳转

单击工具栏中的“后退”与“前进”按钮，则返回前一页，或回到后一页。

2. 信息检索

(1) 在浏览器窗口地址栏输入：Http://www. baidu. com，按回车键后进入百度搜索网站，如图 7-4 所示。 还可以打开其他搜索引擎，如 http://www. google.com，http://e.pku.edu. 等。

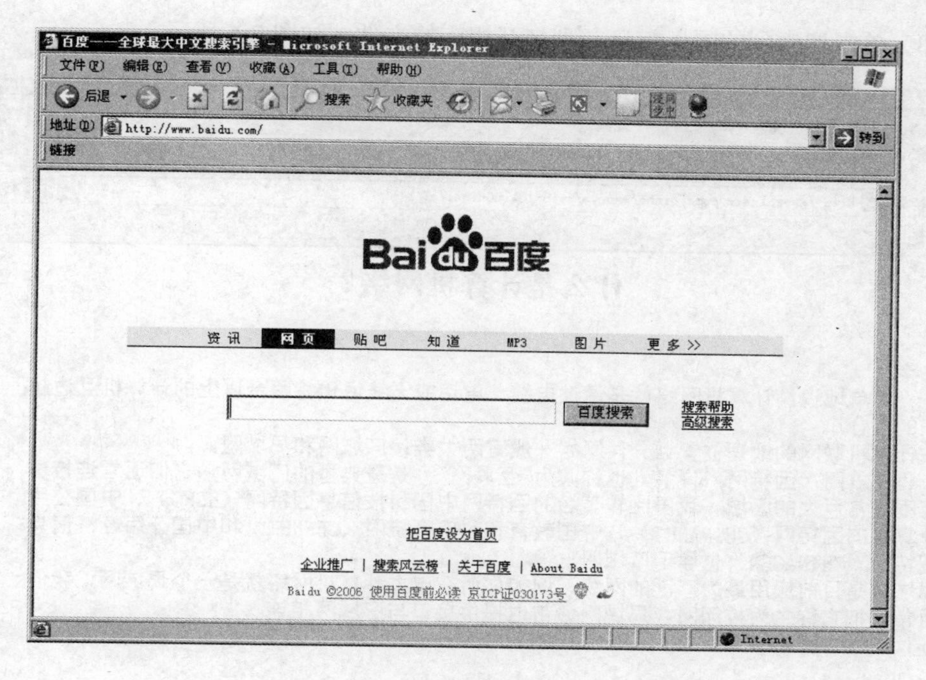

图 7-4　百度网站主页

（2）在文本框中输入要查询的关键字信息，如“什么是计算机网络”，单击“百度搜索”，则显示出搜索到的网址信息，如图 7-5 所示。

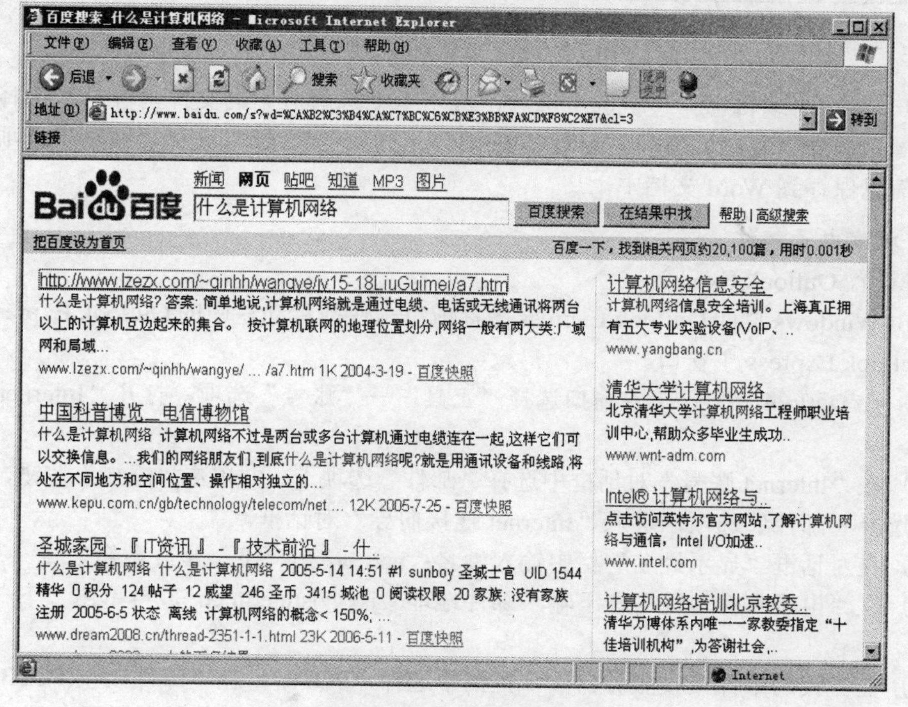

图 7-5　显示搜索的网址信息

（3）单击搜索到的网址信息，则打开相应的文件，如图 7-6 所示。

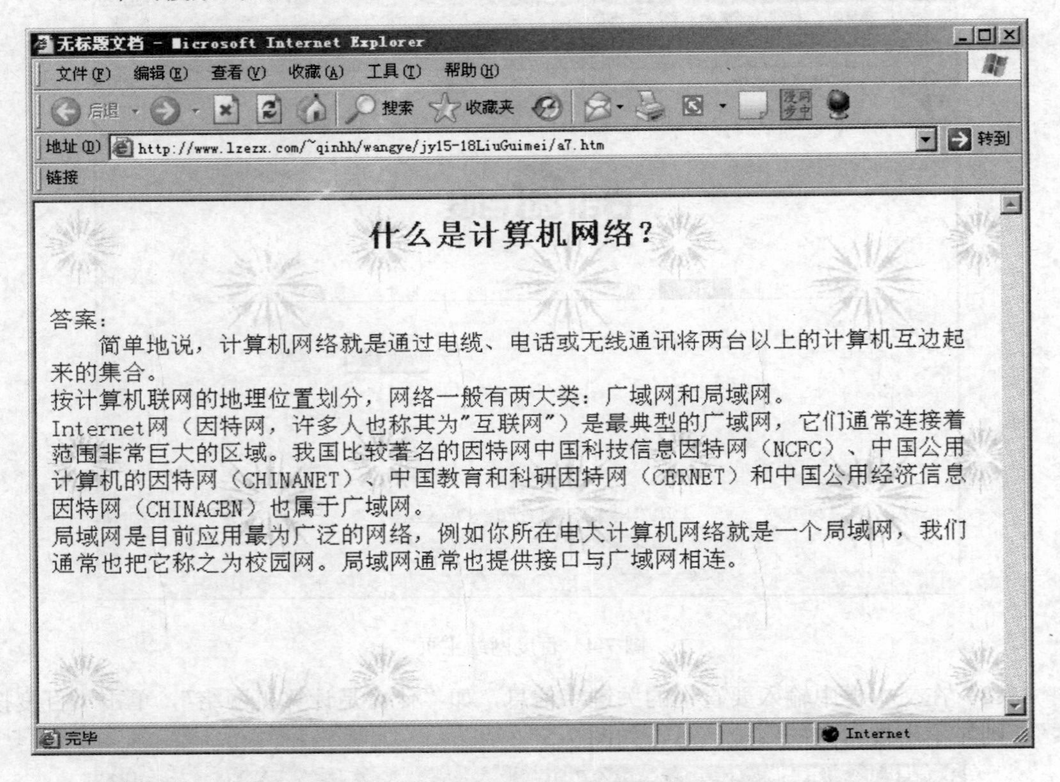

图 7-6　显示搜索到的网页文件

（4）单击“编辑”→“全选”选项，或用手动选择应用的文件内容，在选择文本中单击右键，选择“复制”选项。启动“Word”，新建一空文档，选择“粘贴”选项，可以把文档信息保存到 Word 文档中。

3. 收发电子邮件

1）设置 Outlook Express

双击 Windows 桌面 Outlook Express 图标或单击快捷启动栏中的 Outlook Express 图标，进入 Outlook Express 主窗口。

(1) 在 Outlook Express 主窗口选择“工具”→“账号”选项，打开“Internet 账号”对话框。

(2) 在“Internet 账号”对话框中选择“邮件”选项卡，并单击“添加”按钮，在下级菜单中选择“邮件”选项，进入“Internet 连接向导”对话框。

(3) 在对话框“显示姓名”栏中输入姓名：jsy，单击“下一步”按钮。

(4) 在“电子邮件地址”栏下输入邮件地址“jsy@jstu.edu.cn”，再单击“下一步”按钮。

(5) 在“我的邮件接收服务器”下拉框中选择“POP3”，在“邮件接收(POP3，IMAP 或 HTTP)服务器”栏中输入服务器名“mail. jstu. edu. cn”，在“邮件发送服务器(SMTP)”栏中输入服务器名“mail. jstu. edu. cn”，再单击“下一步”按钮。

(6) 在“帐号名”栏中输入“sjy”，在“密码”栏中输入“123456”。选定“记住密码”复选框，单击“下一步”按钮。

(7) 单击“完成”按钮，设置完毕，返回“Internet 帐号”对话框。

(8) “Internet 帐号”对话框中，选择刚定义的帐号 mail. jstu. edu. cn，单击“属性”按钮，打开“mail. jstu. edu. cn 属性”对话框。

(9) 在对话框中观察“常规”、“服务器”、“连接”、“安全”和“高级”选项卡中的各项设置参数。

(10) 退出“属性”对话框，关闭“帐号”窗口，返回主窗口。

2）撰写与发送邮件

(1) 在 Outlook Express 主窗口中单击工具栏“新邮件”按钮，打开“新邮件”对话框。

(2) 填写收件人邮件地址(由指导老师提供自己给自己发邮件的地址)。

(3) 填写主题：“我的第一封 E-mail”。

(4) 在正文区输入一段信件格式内容。

(5) 单击工具栏中的“附件”按钮，打开“插入附件”对话框，在对话框中选择一个图片文件，单击“附加”按钮，则图片文件被附加到了邮件中。

(6) 连接 ISP，等 Intemet 连通后，单击“发送”按钮，即可将邮件发送出去。

(7) 单击“工具”→“选项”选项，在“选项”对话框中选择“发送”选项卡，观察可以设置的发送格式和选择设定的功能。然后再依次选择其他八个标签，观察其设置内容。最后，单击“取消”按钮返回原窗口。

3）接收和阅读电子邮件

邮件接收操作非常简单，单击工具栏的“发送和接收”按钮，即可完成接收工作。 邮件接收后，单击“收件箱”文件夹，可在发件人发出的邮件列表栏中看到刚刚接收的邮件。双击该邮件，即可显示内容进行阅读。双击“附件”图标，可打开附件阅读(附件前有回形针图符)。

4）转发与回复

如果要转发邮件，单击工具栏“转发”按钮，可转发邮件。当然，还需要给出转收邮件者的邮件地址。如果要对邮件回复，选定欲回信的邮件，选择工具栏中“回复作者”按钮，可回信给作者。

5）通讯簿的建立与使用

(1) 建立通讯簿。单击工具栏中的“通讯簿”按钮，打开“通讯簿”对话框。单击工具栏中的“新建”按钮，在下拉菜单中选择“联系人”选项，在打开的“属性”对话框中输入联系人的姓名、电子邮件地址和各种其他信息，单击“确定”按钮，则将该联系人加入到通讯簿中。

(2) 使用通讯簿。建立通讯簿后，撰写邮件时只要输入收件人邮件地址的前几个字母，系统便会自动将其地址全部填充，并且不会产生错误。也可在“新邮件”对话框中选择“工具”→“选择收件人”选项，在“选择收件人”对话框中选择所需要的收件人地址。

实验二 常用工具软件的使用

实验目的

了解 PC 机常用工具软件的功能与使用方法。

实验内容

一、磁盘备份与恢复软件 Ghost 的使用

1. Ghost 2002 的下载与安装

Ghost 2002 可以从安装光盘获得，也可以从网上下载。将文件下载到本地硬盘或软盘。

注意：Ghost 2002 中的 2002 指文件版本，如果没有下载到相同的版本，下载相近版本也一样，相近版本的使用方法基本相同。

网上提供的软件很多都经过压缩处理。下载完毕后，首先要解压，打开解压后的文件夹，可以查看到 Ghost 2002.exe 已经被解压，这就是本实验的核心文件。

2. Ghost 2002 的使用

下面的实验步骤以系统中 C：盘为例（一般 Windows 系统装在 C：盘下）。

1）备份 C：盘

(1) 用一张启动盘启动计算机到纯 DOS 模式下，运行 Ghost 程序。Ghost 2002 开启界面，如图 7-7 所示。

图 7-7 Ghost 2002 界面

(2) 单击 OK 按钮，打开如图 7-8 所示的 Ghost 2002 使用界面。

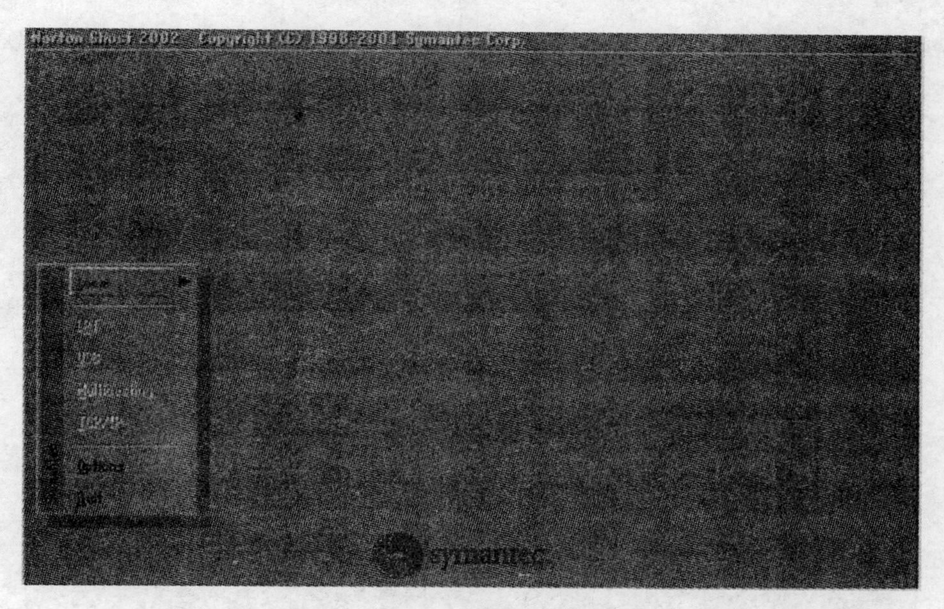

图 7-8 Ghost 2002 使用界面

(3) 将鼠标或用移动键盘方向键，指向 Ghost 2002 菜单栏中的“Local”，打开 Local 菜单，Local 菜单中的“Disk”表示备份整个硬盘，“Partition”表示备份硬盘的单个分区，“Check”表示检测硬盘或备份的文件，查看是否可能因分区、硬盘被破坏等造成备份或还原失败。选择“Local”→“ Partition To Image”选项，如图 7-9 所示。

图 7-9 选择菜单命令

(4) 弹出如图 7-10 所示的“Select local source drive by clicking on the drive number”（通

过单击驱动器号来选择本地源驱动器）对话框。通常只有一个硬盘，所以选择 1，单击 OK 按钮继续。

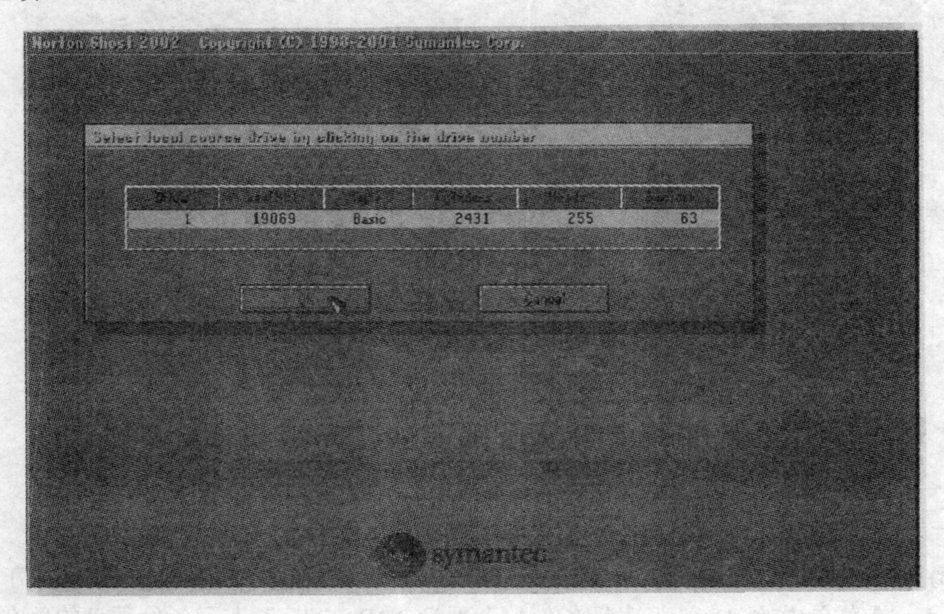

图 7-10　提示选择本地驱动器

(5) 在如图 7-11 所示的 “Select source partition(s) from basic drive：1”（在 Drive 1 中选择源分区）对话框中选择 Part 1，即 C：盘，然后单击 OK 按钮继续。

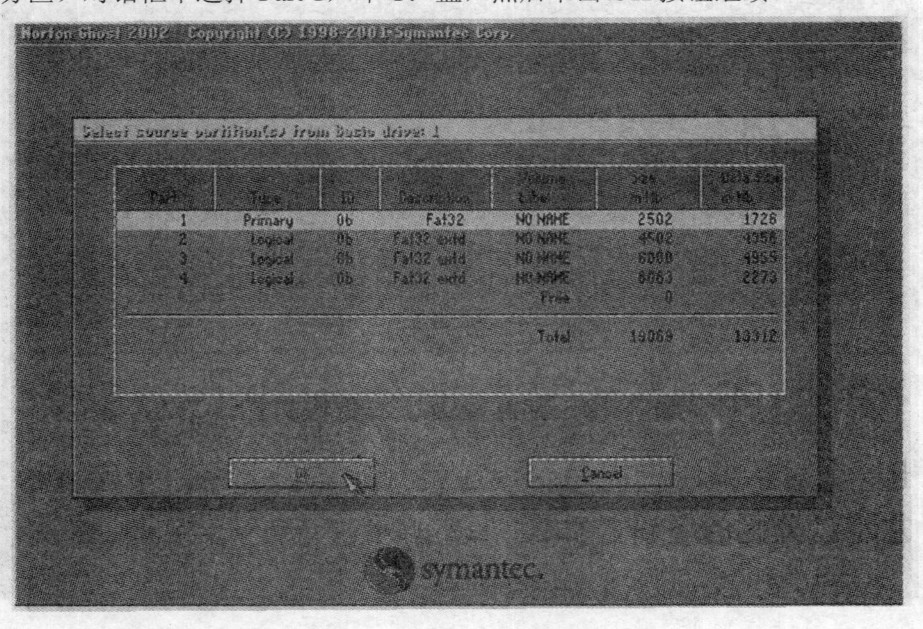

图 7-11　提示选择源分区

(6) 在如图 7-12 所示“File name to copy image to”（写入映像文件名）对话框的“Look

in”下拉列表框中指定映像文件的存储路径（注意，不能选择需要备份的分区 C），在“File name”文本框中输入映像文件名称，在“Files of type”下拉列表框中选择默认项 *.GHO ，然后单击“Save”按钮。

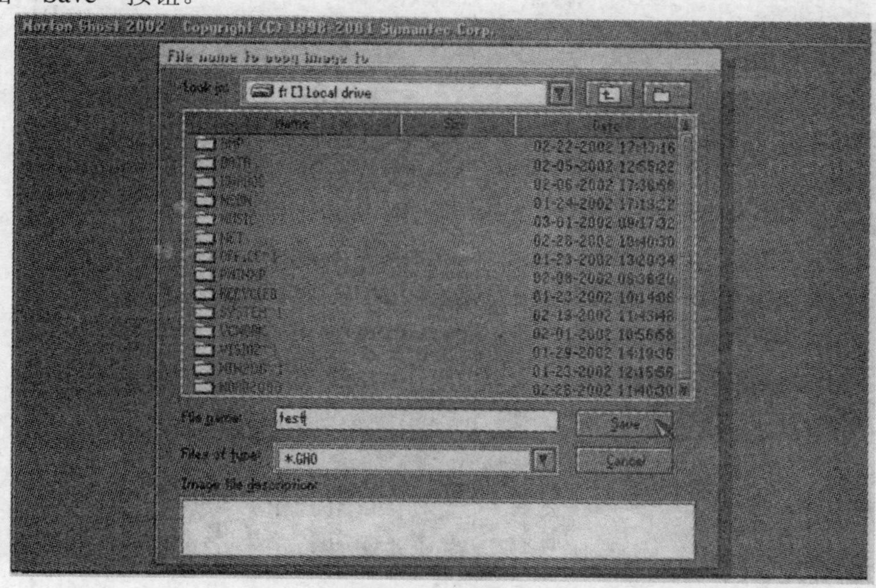

图 7-12 指定文件保存路径及类型

(7) 这时 Ghost 2002 弹出“Compress Image”（压缩映像）对话框，询问是否压缩映像文件(见图 7-13)，有三个选择：“No”表示不压缩，“Fast”表示执行备份速度快但压缩比例较小，“High”表示压缩比例高但执行备份速度慢。单击 Fast 按钮。

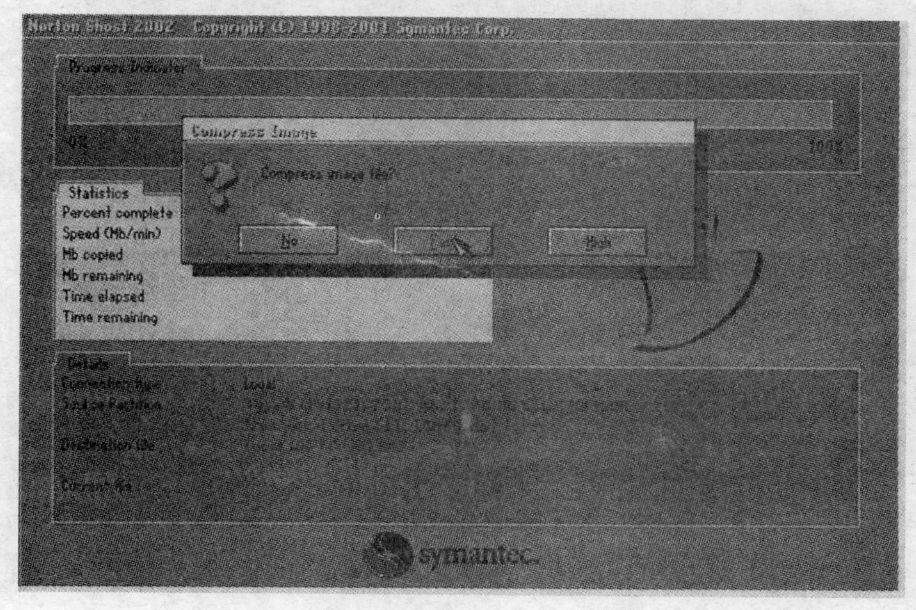

图 7-13 询问是否压缩映像文件

(8) 弹出一个对话框，询问是否现在就开始备份分区，单击“Yes”按钮确认之后，Ghost 2002 开始进行 C 分区的备份，如图 7-14 所示。

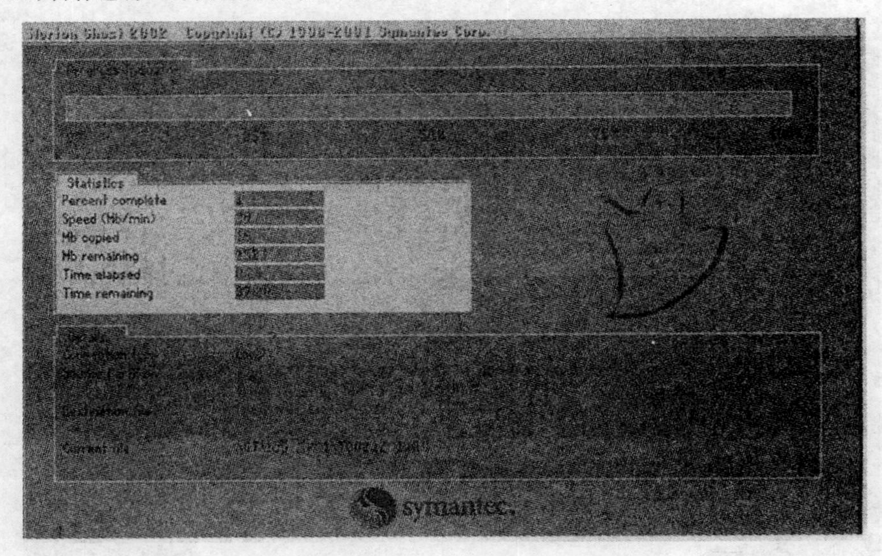

图 7-14　开始备份 C 分区

2）恢复 C：盘

(1) 在 Ghost 2002 操作界面中选择“Local”→“ Partition” →“From Image”选项，如图 7-15 所示。

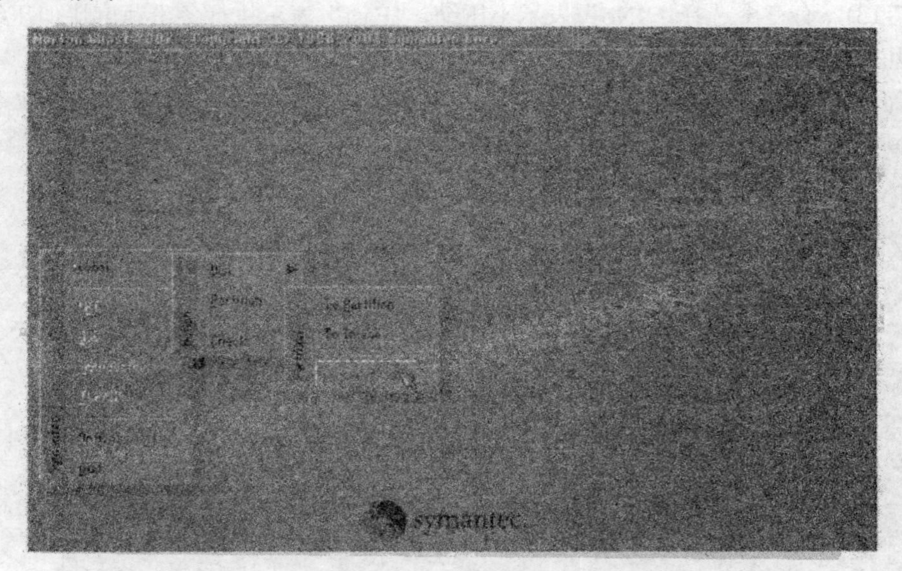

图 7-15　执行 From Image 命令

(2) 弹出“Image file name to restore from”（恢复映像文件名）对话框，从文件列表中选择映像文件（*.GHO）。

(3) 选择要恢复的源分区。

(4) 在弹出的确认对话框中单击“Yes”按钮，开始恢复分区。

(5) 恢复成功后，重新启动电脑。

二、文件压缩与解压软件 WinRAR 的使用

1. WinRAR 的下载与安装

1）WinRAR 的下载

WinRAR 软件同样可以从网络上搜索并下载其安装文件。这里推荐到华军软件园去下载 WinRAR 的安装文件。

在 IE 地址栏中输入 http:// www.nj.onlinedown.net，进入网站后在搜索栏输入 WinRAR，网站即可列出很多 WinRAR 安装文件的下载地址，较新的版本为 3.51，如图 7-16 所示。将安装文件下载到本地硬盘。

图 7-16 打开关于 WinRAR 软件的网页

2）WinRAR 的安装

(1) 双击上一步中下载到本地硬盘的安装文件，出现如图 7-17 所示的安装画面。

(2) 单击“安装”按钮，开始文件的自解压，如图 7-18 所示。

(3) 解压缩完毕后，弹出如图 7-19 所示的对话框，可根据自己的需要选择 WinRAR 的

关联文件，一般采用默认方式，单击“确定”按钮。

(4) 出现如图 7-20 所示的对话框，单击“完成”按钮，即完成安装。

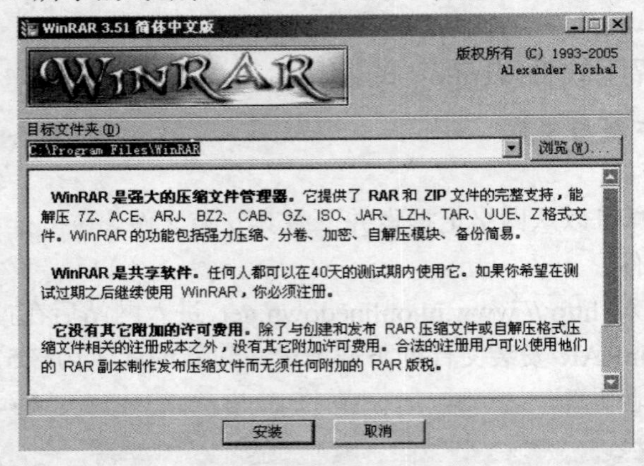

图 7-17 提示安装的画面

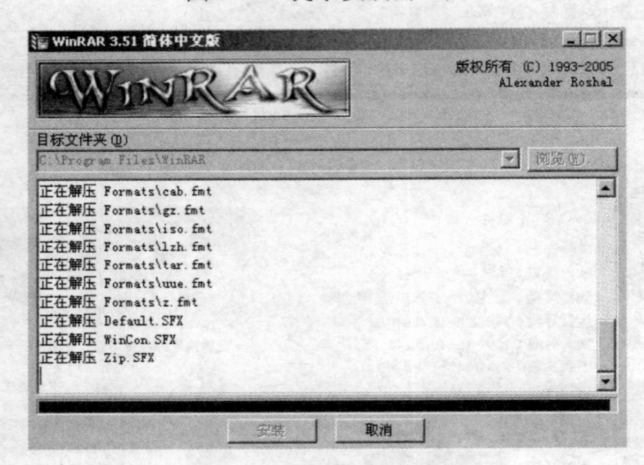

图 7-18 解压文件过程

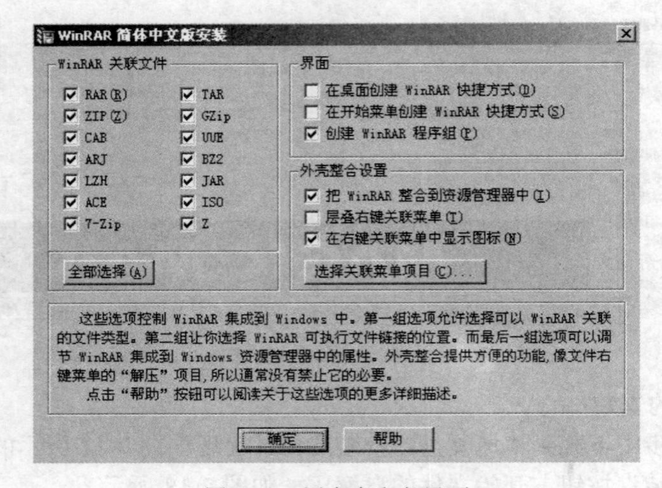

图 7-19 用户自定义界面

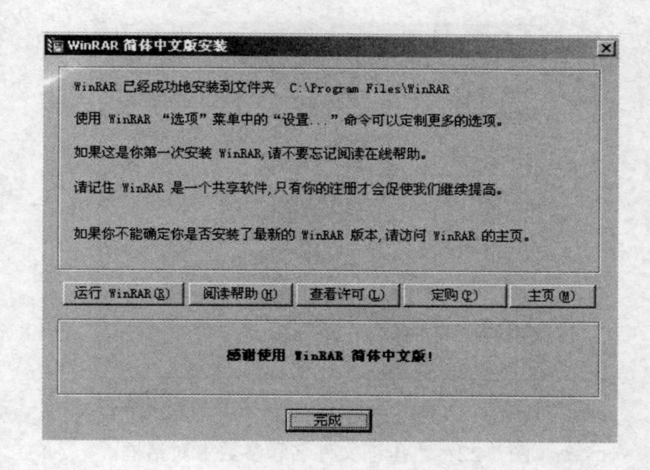

图 7-20 完成安装

2. WinRAR 的使用

1）压缩文件或文件夹

(1) 在“我的电脑”里找到要压缩的文件，选择该文件，单击鼠标右键打开快捷菜单，如图 7-21 所示。

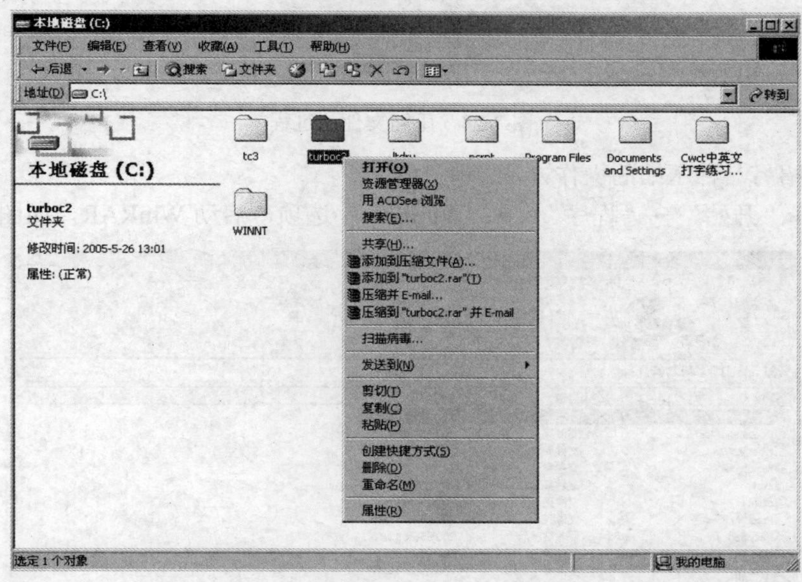

图 7-21 右键快捷菜单

(2) 选择菜单中的“添加到压缩文件”选项，启动 WinRAR 并出现“压缩文件名和参数”对话框，如图 7-22 所示。通常按默认的设置不必改变。

(3) 单击“确定”按钮开始压缩文件，如图 7-23 所示。

(4) 压缩完成后，在“我的电脑”中查看生成的压缩文件，注意观察压缩文件的后缀默认为.rar，比较源文件与压缩文件的体积大小。

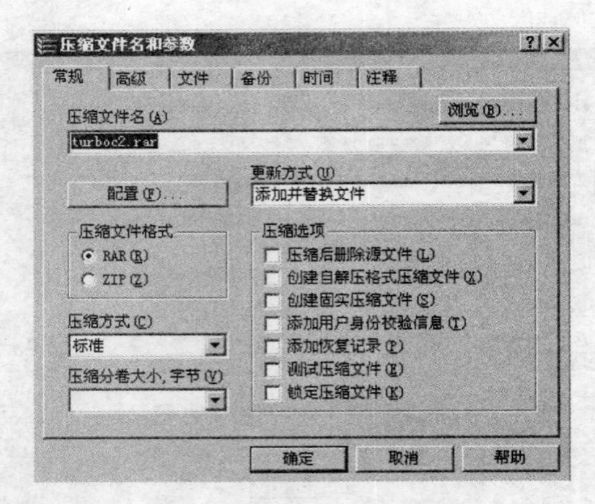

图 7-22　“压缩文件名和参数”对话框

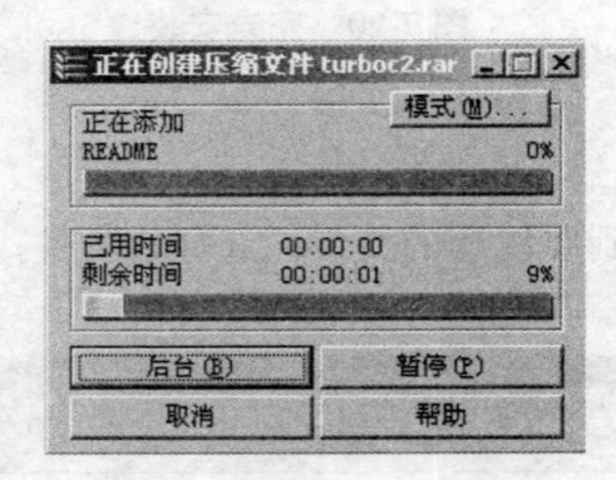

图 7-23　压缩文件的过程

下面介绍另一种压缩的操作方法：

(1) 选择“开始”→“程序”→“WinRAR”选项，启动 WinRAR，如图 7-24 所示。

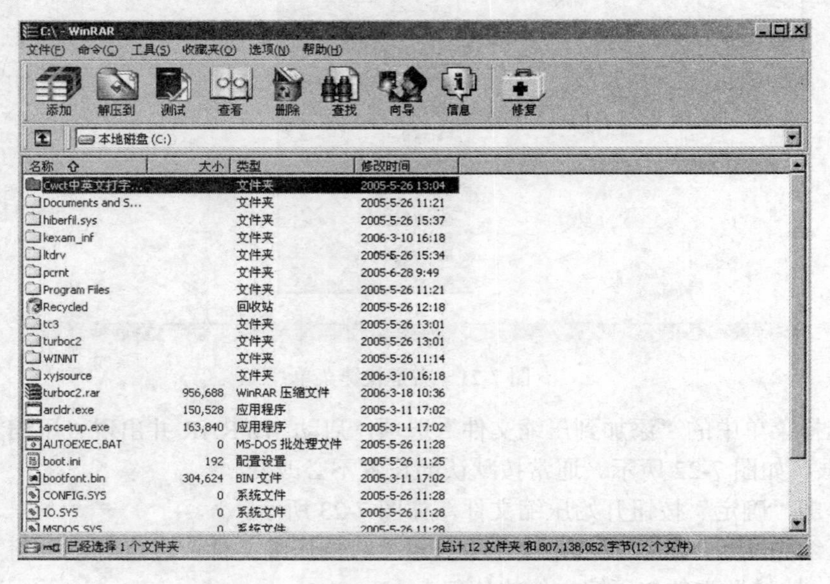

图 7-24　WinRaR 的界面

(2) 找到要压缩的文件并选择它。

(3) 单击工具栏上的“添加”按钮，添加压缩作业，随后弹出“档案文件名和参数”对话框，参见图 7-22。通常按默认的设置不必改变。

(4) 单击“档案文件名字和参数”对话框的“确定”按钮，开始压缩。

(5) 压缩完毕，在 WinRAR 窗口就可以看到生成了的压缩文件。

文件夹的压缩操作与文件的压缩操作类似。

2）解压缩

(1) 在“我的电脑”中找到要解压缩的文件，单击鼠标右键打开快捷键菜单，如图 7-25 所示 。

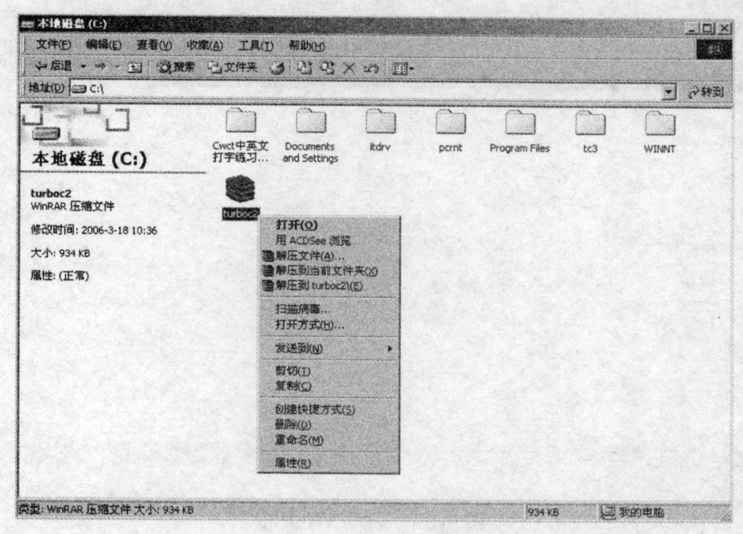

图 7-25 显示右键快捷菜单

(2) 选择快捷菜单中的“解压文件”选项，弹出“解压路径和选项”对话框，如图 7-26 所示。

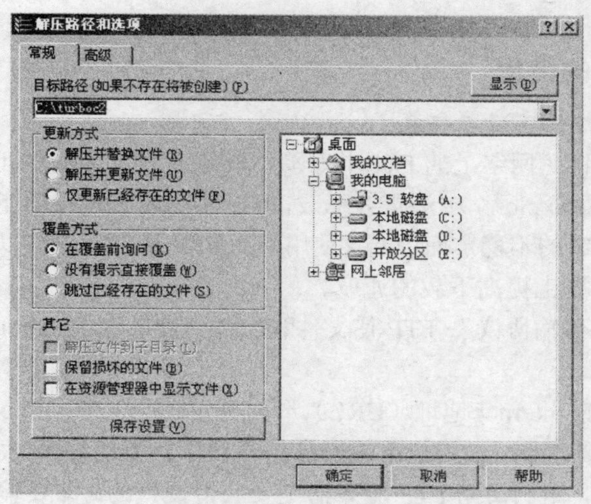

图 7-26 “解压路径和选项”对话框

(3) 指定释放文件的文件名及位置，单击“确定”按钮，开始解压缩。

(4) 解压完毕后，根据解压缩路径找到解压缩后的文件，比较压缩文件与解压缩后形成的文件的大小。

下面介绍另一种解压缩的操作方法。

(1) 在“我的电脑”中找到要解压缩的文件，双击压缩文件图标启动 WinRAR，如图 7-27 所示。

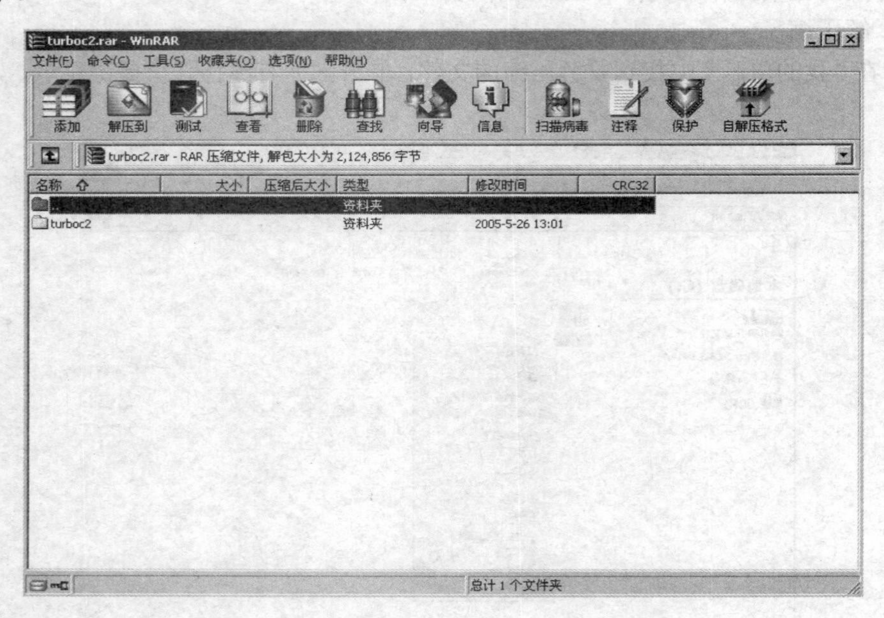

图 7-27 启动 WinRaR

(2) 单击工具栏上的“解压到”按钮，弹出“解压路径和选项”对话框，参见图 7-26。

(3) 指定释放文件的文件名及位置，单击对话框上“确定”按钮，开始解压缩。

解压缩文件夹的操作与解压缩文件的操作类似。

三、CuteFTP 软件的使用

1. CuteFTP 软件的下载与安装

CuteFTP 软件是针对网络上的 FTP 共享资源实现上传和下载的工具软件。虽然很多共享文件可以在 Internet Explorer 中浏览并下载，但在使用系统本身功能单一的下载进程下载时，文件经常会因网络的不稳定而中断。使用 CuteFTP 软件不但可以保证文件能完整的下载，而且可在很大程度上提高下载的速度。

(1) FTP 即“文件传输协议”。FTP 使文件和文件夹能够在 Internet 上公开传输，即上传和下载。

(2) FTP 服务器的 Internet 地址（URL）形如 ftp://ftp.microsoft.com（此为 Microsoft 提供的“匿名”FTP 服务器，供用户下载产品修补程序、驱动程序、实用程序、文档等）。

(3) 通常情况下，用户访问 FTP 服务器是要获得授权的，即要输入用户帐户及密码进行登录，根据用户的权限，决定是否允许上传、下载等。

(4) “匿名”FTP 服务器是指不需要拥有该计算机的帐号及密码，便可访问 FTP 服务器的文件，通常只能查看或下载文件。

在 Internet 上搜索并下载 CuteFTP（较新版本为 7.1 Professional）。下载后，执行安装文件把 CuteFTP 软件安装到硬盘上（具体的操作步骤这里不再详述，类似之前实验中的步骤）。

2. CuteFTP 的使用

1）下载文件

(1) 启动 CuteFTP，主界面如图 7-28 所示，在窗口左边的窗格中可以看到 FTP 站点的分类结构，上方为工具栏和快速启动栏，右边窗格为站点文件夹目录，窗口下方为任务列表窗格。

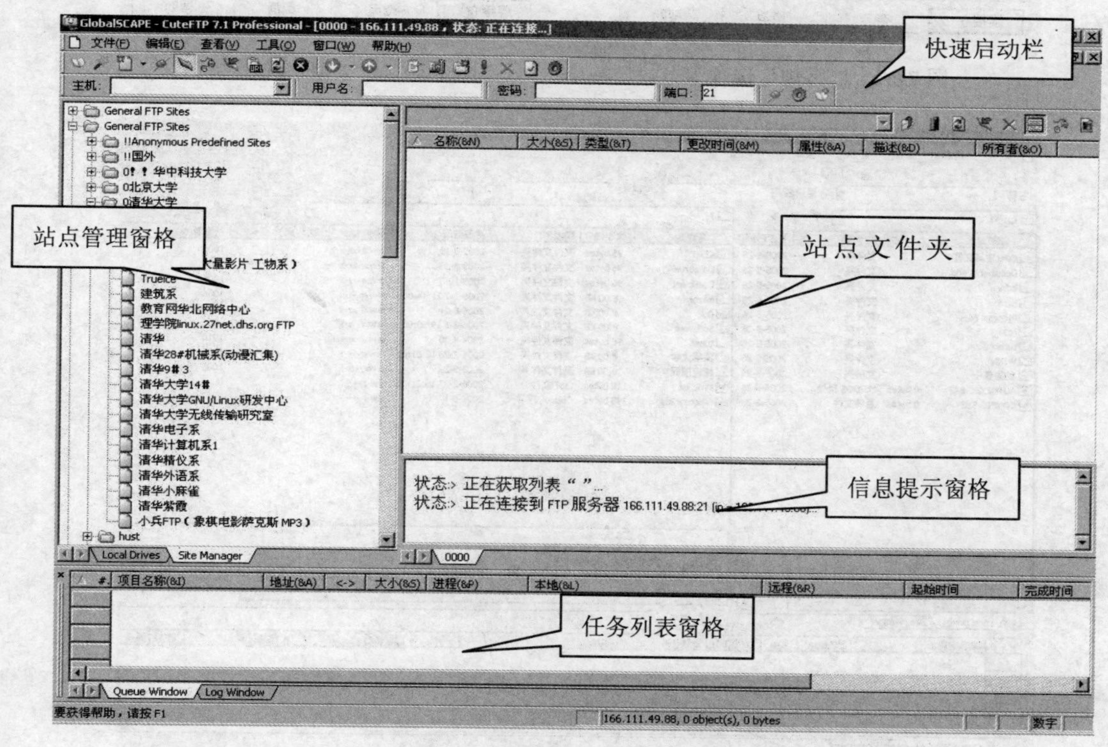

图 7-28 CuteFTP 主界面

(2) 在站点管理窗格中选择“清华”，单击鼠标右键，选择“属性”选项，弹出“站点属性”对话框，其中“常规”选项卡中显示“主机地址”、“登录方式”等设置，如图 7-29 所示。在“类型”选项卡中可设置协议类型和端口号，如图 7-30 所示。

(3) 单击“连接”按钮，开始连接清华大学 FTP 站点。连接成功后，CuteFTP 窗口中信息窗格显示连接成功信息提示，同时文件夹窗格中显示站点文件结构，如图 7-31 所示。

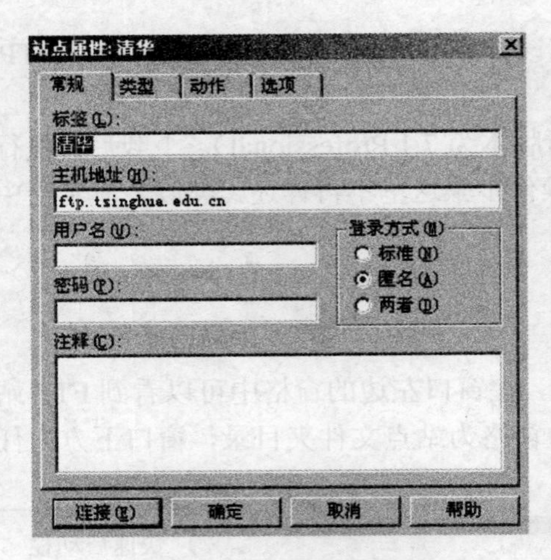

图 7-29 “常规”选项卡

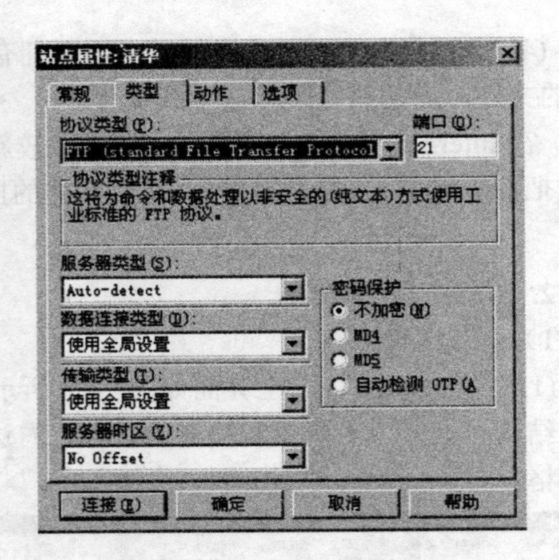

图 7-30 “类型”选项卡

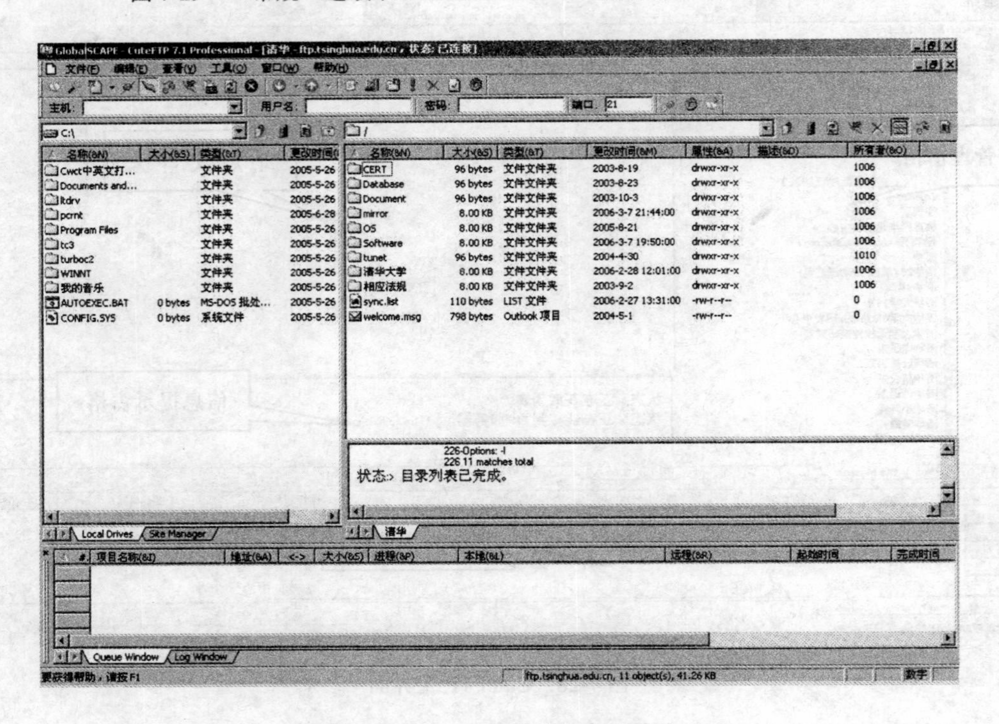

图 7-31 显示提示信息及文件结构

(4) 在窗口中间左侧的本地文件夹窗格中选择本机存放下载文件的文件夹，如图 7-32 所示。

(5) 在窗口中间右侧的站点文件夹窗格中找到要下载的文件，按住鼠标左键把它拖到窗口中间左侧窗格中，通过这种拖动操作下达下载文件的命令，如图 7-33 所示。同时注意观察窗口下部任务列表窗格中所反映的下载情况。

(6) 完成下载后，在“我的电脑”中查看所下载的文件。

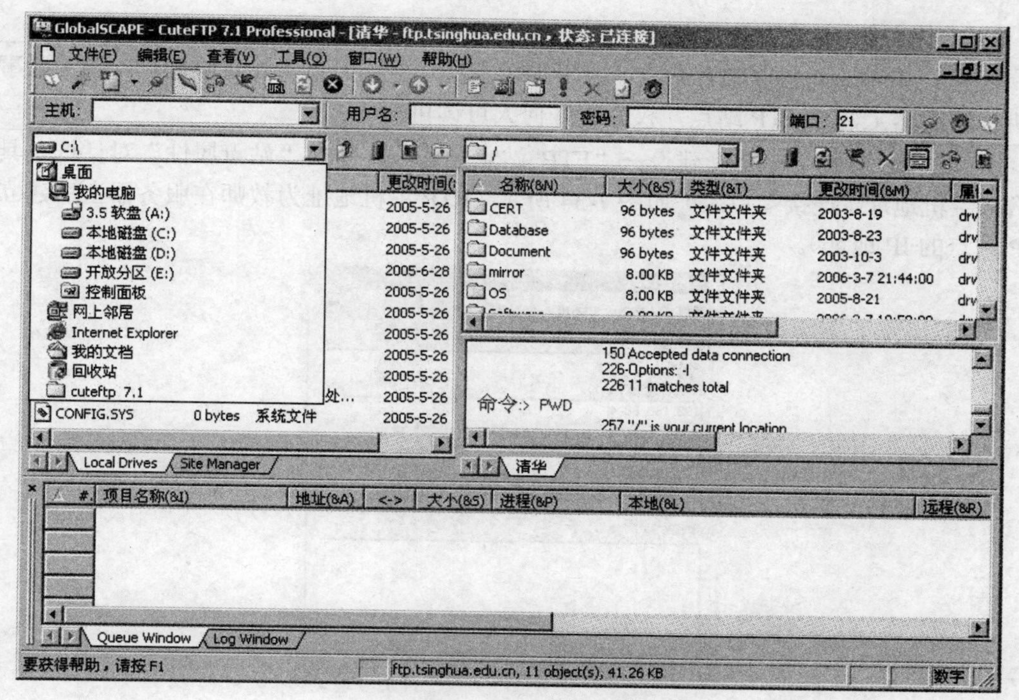

图 7-32 指定目标文件夹

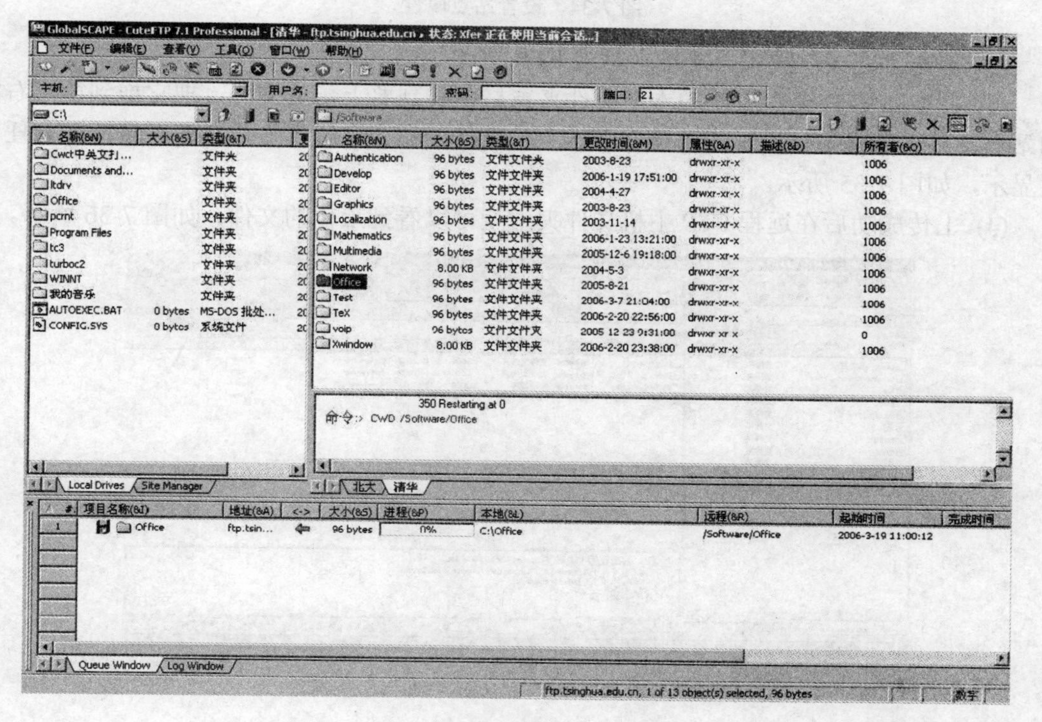

图 7-33 选择要下载的文件

2) 上传文件

注意：Internet 上的 FTP 站点一般不提供上传功能。为方便此实验操作，教师请事先在机房服务器上建立 FTP 站点，权限为任何人可读可写。

(1) 选择“文件”→“新建”→“FTP 站点”选项，弹出“站点属性”对话框。具体设置（主机地址、连接端口等）如图 7-34 所示（FTP 主机地址为教师在服务器上所建立的 FTP 站点的 IP 地址）。

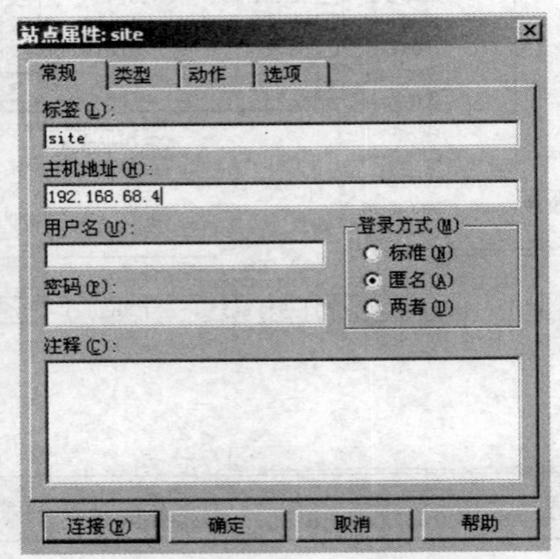

图 7-34 设置站点属性

(2) 单击“连接”按钮，连接上指定 FTP 站点。

(3) 在 CuteFTP 窗口左侧的本地文件夹窗格中找到要上传的文件，把它拖到窗口右侧的站点文件夹窗格中，通过拖动操作下达上传文件的命令，同时上传任务在窗口下方任务栏显示，如图 7-35 所示。

(4) 上传成功后在远程 FTP 主机文件夹中就可以看到上传的文件，如图 7-36 所示。

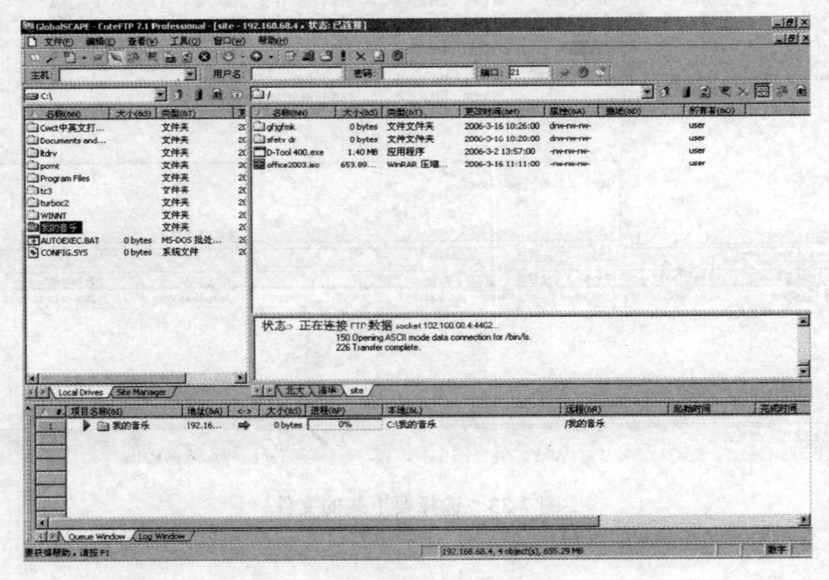

图 7-35 显示上传文件信息

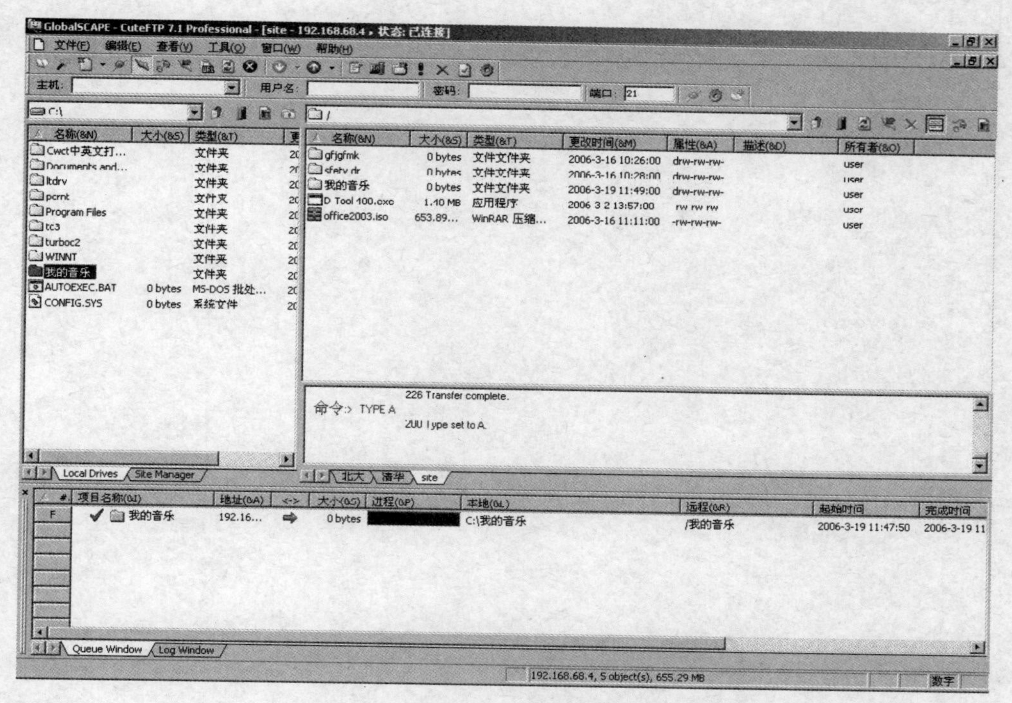
GlobalSCAPE - CuteFTP 7.1 Professional - [site - 192.168.68.4，状态: 已连接]
文件(F) 编辑(E) 查看(V) 工具(O) 窗口(W) 帮助(H)
主机: 用户名: 密码: 端口: 21
C:\
名称(&N) 大小(&S) 类型(&T)
Cwct中英文打…
Documents and…
ltdrv
pcrnt
Program Files
tc3
turboc2
WINNT
我的音乐
AUTOEXEC.BAT 0 bytes MS-DOS 批处…
CONFIG.SYS 0 bytes 系统文件
名称(&N) 大小(&S) 类型(&T) 更改时间(&M) 属性(&A) 描述(&D) 所有者(&O)
gfjgfmk 0 bytes 文件文件夹 2006-3-16 10:26:00 drw-rw-rw- user
我的音乐 0 bytes 文件文件夹 2006-3-19 11:49:00 drw-rw-rw- user
office2003.iso 653.89… WinRAR 压缩… 2006-3-16 11:11:00 -rw-rw-rw- user
226 Transfer complete.
命令:> TYPE A
Local Drives
Site Manager
北大
清华
site
项目名称(&I) 地址(&A) 大小(&S) 进程(&P) 本地(&L) 远程(&R) 起始时间 完成时间
我的音乐 192.16… 0 bytes C:\我的音乐 /我的音乐 2006-3-19 11:47:50
Queue Window
Log Window
192.168.68.4, 5 object(s), 655.29 MB
数字

图 7-36 上传文件完成

第二部分　单元练习

第一章　计算机概述

一、选择题

(1) 为使用英文键盘输入汉字，必须对汉字进行编码，汉字编码方案可以分成_______四类。

A．形码，音码，数字码，形音结合码

B．形码，音码，数字码，形数结合码

C．形码，音码，数字码，拼音码

D．形码，音码，数字码，音数结合码

(2) 输出汉字时，首先根据汉字的机内码在字库中进行查找，找到后，即可显示（打印）汉字，在字库中找到的是该汉字的______。

A．外部码　B．交换码　C．信息码　D．字形描述信息

(3) 按照信息系统的分类，以下不属于计算机辅助技术系统的是______。

A．CAD　B．CAM　C．CAPP　D．OA

(4) 下列名词不属于计算机辅助技术系统的是_______。

A．CAD　B．CAPP　C．CEO　D．CAM

(5) 若计算机中连续两个字节内容的十六进制形式为34和51，则它们不可能是_____。

A．两个西文字符的ASCII码　B．一个汉字的机内码

C．一个16位整数　D．一条指令

(6) 计算机防病毒技术目前还不能做到_______。

A．防病毒侵入　B．检测病毒

C．杀毒　D．预测未来将会出现的新病毒

(7) 下列叙述中正确的是________。

A．计算机病毒只传染给可执行文件

B．计算机病毒是后缀名为“EXE”的文件

C．计算机病毒只会通过后缀名为“EXE”的文件传播

D．所有的计算机病毒都是人为制造出来的

(8) 计算机病毒是一种人为编制的程序，许多厂家提供杀毒软件，下列____不属于这类产品。

A．金山毒霸　B．KV3000　C．PCTools　D．Norton AntiVirus

(9) 汉字的显示与打印，需要有相应的字形库支持，汉字的字形主要有两种描述方法：点阵字形和______字形。

A．仿真　B．轮廓　C．矩形　D．模拟

(10) 计算机感染病毒后会产生各种异常现象，但一般不会出现_______。

A．文件占用的空间变大了　　B．发生异常蜂鸣声

C．屏幕显示异常图形　　D．主机内的电扇不转了

(11) 计算机病毒具有破坏作用，它能破坏的对象通常不包括______。

A．程序　　B．数据　　C．操作系统　　D．计算机电源

(12) 以下不属于计算机病毒特点的是____。

A．破坏性　　B．潜伏性　　C．隐蔽性　　D．可预见性

(13) 计算机的分类方法有多种，按照计算机的性能、用途和价格分，台式机和便携机属于____。

A．巨型计算机　B．大型计算机　C．小型计算机　D．个人计算机

(14) 关于键盘上的 Caps Lock 键，下列叙述中正确的是____。

A．它与 Alt+Del 键组合可以实现计算机热启动

B．当 Caps Lock 灯亮时，按主键盘的数字键可输入其上部的特殊字符

C．当 Caps Lock 灯亮时，按字母键可输入大写字母

D．按下 Caps Lock 键时会向应用程序输入一个特殊的字符

(15) 若中文 Windows 环境下西文使用标准 ASCII 码，汉字采用 GB2312 编码，设有一段文本的内码为 CB F5 D0 B4 50 43 CA C7 D6 B8，则在这段文本中，含有____。

A．两个汉字和一个西文字符　　B．四个汉字和两个西文字符

C．八个汉字和两个西文字符　　D．四个汉字和一个西文字符

(16) 文本输出过程中，文字字形的生成是关键。下面的叙述中错误的是____。

A．字库是同一字体的所有字符的形状描述信息的集合

B．中文版 Word 可以显示和打印汉字是因为它配置了中文字库

C．中文版 Word 配置的每一种中文字库都有相同数量的字形信息

D．Windows 中采用的字形描述方法是轮廓描述

(17) 下列关于病毒的说法中，正确的是____。

A．杀病毒软件可清除所有病毒

B．计算机病毒通常是一段可运行的程序

C．加装防病毒卡的微机不会感染病毒

D．病毒不会通过网络传染

(18) 在下列选项中不属于病毒名称的是____。

A．QQ 尾巴　　B．Trojan Horse　　C．NetBIOS　　D．Worm.Blaster

(19) 为了防止存有重要数据的软盘被病毒侵染，应该____。

A．将软盘存放在干燥、无菌的地方

B．将该软盘与其他磁盘隔离存放

C．将软盘定期格式化

D．将软盘写保护

(20) 目前运算速度达到万亿次 / 秒以上的计算机通常被称为____计算机。

A．巨型　　B．大型　　C．小型　　D．个人

(21) 下列叙述中，正确的是____。

A．汉字是用原码表示的

B．西文用补码表示

C．在PC机中，纯文本的后缀名是.txt

D．汉字的机内码就是汉字的输入码

二、填空题

(1) 十进制数31使用8位(包括符号位)补码表示时，其二进制编码形式为________。

(2) 按16×16点阵存放国标GB2312-80中一级汉字(共3755个)的汉字库，大约需占存储空间_________。

(3) x的补码是1011，y的补码是0010，则x-y的值的补码为______（注意用4位二进制表示的有符号数）。

(4) 11位补码可表示的数值范围是1024～____。

(5) 9位原码可表示整数的范围是____。

(6) 有一个字节的二进制编码为11111111，如将其作为带符号整数的补码，它所表示的整数值为____。

(7) 若一个4位补码由2个“1”和2个“0”组成，则可表示的最小十进制整数为____。

(8) 在用原码表示整数“0”时，有“1000…00”与“0000…00”两种表示形式，而在补码表示法中，整数“0”只有____种表示形式。

(9) “二进制编码的十进制整数”简称为BCD整数，它使用____位二进位表示一个十进制数字。

三、是非题

(1) 计算机应用最多的是数值计算。

(2) JCS / Unicode中的汉字编码与GB2312—80、GBK标准以及GBl8030标准都兼容。

(3) 汉字输入的编码方法大体分成四类：数字编码、字音编码、字形编码、形音编码，但使用不同的输入编码方法向计算机输入的同一个汉字，它们的内码是相同的。

(4) 计算机具有通用性好、速度快、处理功能强的优点，因此又称它为“电脑”，它能代替人类大脑的全部活动。

(5) 西文字符在计算机中通常采用ASCII码表示，每个字节存放一个字符。

(6) GBl8030汉字编码标准收录了27484个汉字，完全兼容GBK、GB2312标准。

(7) GB23 12国标字符集中的3000多个一级常用汉字是按汉语拼音排列的。

(8) GB23 12国标字符集由三部分组成：第一部分是字母、数字和各种符号：第二部分为一级常用汉字；第三部分为二级常用汉字。

(9) 我国内地发布使用的汉字编码有多种，无论选用哪一种标准，每个汉字均用2字节进行编码。

第二章　计算机组成原理

一、选择题

(1) 激光打印机的分辨率一般不会小于_____。

A．1 000dpi　　B．1 500dpi　　C．300～400dpi　　D．2 000dpi

(2) 下列选项中，最新的、速度最快的扫描仪接口是_______。

A．SCSI 接口　　B．PS / 2 接口　　C．LJSB 接口　　D．Firewire 接口

(3) PC 机的标准输入设备是_______，缺少该设备计算机就难以正常工作。

A．键盘　　B．鼠标器　　C．扫描仪　　D．数字化仪

(4) 为了把主存和 VRAM 直接连接起来，加速内存到显示存储器的数据传输，目前图形卡大多使用_______端口。

A．AGP　　B．PCI　　C．ISA　　D．LJSB

(5) 在目前的技术条件下，计算机使用的 CRT 显示器与 LCD 显示器相比具有_____的优点。

A．没有辐射危害　　B．功耗小

C．体积轻薄　　D．价格较低

(6) 彩色显示器的颜色由三个基色 R、G、B 合成而得到，如果 R、G、B 三色分别用四位表示，则该显示器可显示的颜色数有_____种。

A．2048　　B．4096　　C．16　　D．256

(7) 计算机存储器采用多层次塔状结构的目的是_____。

A．方便保存大量数据

B．减少主机箱的体积

C．解决存储器在容量、价格和速度三者之间的矛盾

D．操作方便

(8) 总线最重要的性能是它的带宽，若总线的数据线宽度为 16 位，总线的工作频率为 133MHz，则其带宽为_____。

A．266MB / s　　B．228MB / s　　C．33MB / s　　D．16MB / s

(9) 一般来说，_______不需要重新启动计算机。

A．重装操作系统后

B．PC 机组装好之后第一次加电启动“CMOS 设置程序”对系统进行设置

C．系统增加、减少或更换硬件或 I / O 设备

D．CMOS 内容丢失或被错误修改

(10) PC 机在工作中，由于断电或突然“死机”，______中的信息将会丢失。

A．CMOS　　B．ROM　　C．硬盘　　D．RAM

(11) 现在计算机上都有高速缓冲存储器 Cache，Cache 是____。

A．硬盘和主存之间的缓存

B．软盘和主存之间的缓存

C．CPJ 和视频设备之间的缓存

D．CPLJ 和主存储器之间的缓存

(12) 激光打印机多半使用并行接口或 LJSB 接口，而一些高速激光打印机则大多使用_____接口。

A．串行接口 B．SCSI C．PS／2 D．红外线接口

(13) 小规模集成电路（SSI）的集成对象一般是______。

A．功能部件 B．5 签片组 C．门电路 D．CPU 芯片

(14) 下面关于鼠标器的叙述中，错误的是______。

A．鼠标器输入计算机的是其移动时的位移量

B．不同鼠标器的工作原理基本相同，区别在于感知位移量的方法不同

C．鼠标器只能使用 PS／2 接口与主机连接

D．触摸屏具有与鼠标类似的功能

(15) 以下关于指令系统的叙述中，正确的是______。

A．用于解决某一问题的一个指令序列称为指令系统

B．指令系统中的每条指令都是 CPU 可执行的

C．不同类型的 CPU，其指令系统是完全一样的

D．不同类型的 CPU 其指令系统完全不一样

(16) 一台计算机中采用多个 CPU 的技术称为“并行处理”，采用并行处理的目的是为了_____。

A．提高处理速度 B．扩大存储容量

C．降低每个 CPU 成本 D．降低每个 CPU 性能

(17) 下列关于 USB 接口的说法错误的是____。

A．一般来说，1394 接口的传输速度低于 USB 接口

B．一个 USB 接口通过 USB 集线器可以连接多个设备

C．USB 的中文含义是通用串行总线

D．USB 接口连接的设备可以热插拔，即不需要关机就可以插拔设备

(18) BIOS——____________________。

A．是一种操作系统 B．是一种应用软件

C．是一种总线 D．基本输入输出系统

(19) 在 PC 机中负责各类 I／O 设备控制器与 CPU、存储器之间相互交换信息、传输数据的一组公用信号线称为______。

A．I／O 总线 B．CPJ 总线 C．存储器总线 D．前端总线

(20) 光盘根据其制造材料和记录信息的方式不同，一般可分为________。

A．CD、VCD

B．CD、VCD、DVD、MP3

C．只读光盘、可一次性写入光盘、可擦写光盘

D．数据盘、音频信息盘、视频信息盘

(21) 集成电路的主要制造流程是__________。

A. 硅抛光片—晶圆—芯片—成品测试—集成电路

B. 晶圆硅抛光片—成品测试—芯片—集成电路

C. 硅抛光片—芯片—晶圆—成品测试—集成电路

D. 硅片—芯片—成品测试—晶圆—集成电路

(22) CPU 中用来解释指令的含义、控制运算器的操作、记录内部状态的部件是_______。

A. 数据 Cache　　B. 运算器　　C. 寄存器　　D. 控制器

(23) 目前市场上有一种称为“手写笔”的设备，用户使用笔在基板上书写或绘画，计算机就可获得相应的信息。“手写笔”是一种________。

A. 随机存储器　　B. 输入设备　　C. 输出设备　　D. 通信设备

(24) 针式打印机术语中，24 针是指________。

A. 24×24 点阵　　B. 信号线插头上有 24 针

C. 打印头内有 24×24 根针　　D. 打印头内有 24 根针

(25) 计算机的运算速度是指它每秒钟能执行的指令数目。下面______是提高运算速度的有效措施。

①增加 CPU 中寄存器的数目；②提高 CPU 的主频；③增加高速缓存(Cache)的容量；④扩充 PC 机磁盘存储器的容量。

A. ①②③　　B. ①③

C. ①②④　　D. ②③④

(26) 下列不属于个人计算机的是_______。

A. 台式机　　B. 便携机　　C. 工作站　　D. 服务器

(27) 一般来说，_____不需要启动“CMOS 设置程序”对系统进行设置。

A. 重装操作系统

B. PC 机组装好之后第一次加电

C. 系统增加、减少或更换硬件或 I/O 设备

D. CMOS 内容丢失或被错误修改

(28) I / O 操作是通过 CPU 执行 INPUT 指令和 OUTPUT 指令完成的。下面有关 I / O 操作的叙述中，正确的是________。

A. CPU 执行 I / O 指令后，直接向 I / O 设备发出控制命令，I / O 设备便可进行操作

B. 为了提高系统的效率，I / O 操作与 CPJ 的数据处理操作通常是并行进行的

C. 各类 I / O 设备与计算机主机的连接方法基本相同

D. 某一时刻只能一个 I / O 设备在工作

(29) 1991 年，Intel 公司推出 PC 机上的一种高性能的____总线，用于连接高速外部设备，如以太网卡、声卡等。

A. PCI　　B. USB　　C. VESA　　D. ISA

(30) PC 机中有一种类型为 MID 的文件，下面关于此类文件的叙述中，错误的是____。

A. 它是一种使用 MIDI 规范表示的音乐，可以由媒体播放器之类的软件进行播放

B．播放 MID 文件时，音乐是由 PC 机中的声卡合成出来的

C．同一 MID 文件，使用不同的声卡播放时，音乐的质量完全相同

D．PC 机中的音乐除了使用 MID 文件表示之外，也可以使用 WAV 文件表示

（31）USB 接口是一个____接口。

A．1 线　　B．2 线　　C．3 线　　D．4 线

（32）PC 机开机后，系统首先执行 BIOS 中的 POST 程序，其目的是____。

A．读出引导程序，装入操作系统

B．测试各部件的工作状态是否正常

C．从 BIOS 中装入基本外围设备的驱动程序

D．启动 CMOS 设置程序，对系统的硬件配置信息进行修改

（33）CPU 不能直接读取和执行存储在____中的指令。

A．Cache　　B．RAM　　C．ROM　　D．硬盘

（34）下面关于 DVD 光盘的说法中错误的是____。

A．DVD-R 是限写一次可读多次的 DVD 盘

B．DVD-RAM 是可多次读写的 DVD 光盘

C．DVD 光盘的光道间距与 CD 光盘相同

D．读取 DVD 光盘时，使用的激光波长与 CD 不同

（35）下列说法错误的是____。

A．制备 IC 的过程采用了硅平面工艺

B．现代计算机内存储器是一种具有信息存储能力的磁性器件

C．现代计算机的 CPJ 通常由数十万到数亿晶体管组成

D．雷达的精确定位和导航、巡航导弹的图像识别等，都使用微电子技术

（36）计算机的性能在很大程度上是由 CPU 决定的。CPU 的性能主要体现为它的运算速度。下列有关 CPU 性能的叙述____是正确的。

A．Cache 存储器的有无和容量的大小对计算机的性能影响不大

B．寄存器数目的多少不影响计算机的性能

C．指令系统的功能不影响计算机的性能

D．采用流水线方式处理指令有助于提高计算机的性能

（37）无线接口键盘是一种较新的键盘，它使用方便，多用于便携式 PC 机，下列关于无线键盘的描述中错误的是____。

A．输入信息不经过 I / O 接口直接输入计算机，因而其速度较快

B．一般集成了鼠标的功能

C．主机上必须安装专用接收器

D．无线键盘具备一般键盘的功能

（38）计算机集成制造系统的英文缩写是____。

A．CIMS　　B．CAD　　C．CAM　　D．CAPP

（39）目前打印票据所使用的打印机主要是____。

A．压电喷墨打印机　　B．激光打印机

C．针式打印机　　D．热喷墨打印机

（40）以下四种说法中错误的是：____。

A．将 CPU 时间划分成许多小片，轮流为多个程序服务，这些小片称“时间片”

B．由于 CPU 是计算机系统中最宝贵的硬件资源，为了提高 CPU 的利用率，一般采用多任务处理

C．正在运行的程序称为前台任务，处于等待状态的任务称为后台任务

D．在单 CPU 环境下，多个程序在计算机中同时运行时，意味着它们宏观上同时运行，微观上由 CPU 轮流执行

（41）在电脑控制的家用电器中，有一块用于控制家用电器工作流程的大规模集成电路芯片，它把处理器、存储器、输入／输出接口电路等都集成在一起，这块芯片是____。

A．微处理器　B．内存条　C．微控制器　D．ROM

（42）CPU 是构成微型计算机的最重要部件，下列关于 Pentium 4 的叙述中，错误的是____。

A．Pentium 4 除运算器、控制器和寄存器之外，还包括 Cache 存储器

B．Pentium 4 运算器中有多个运算部件

C．一台计算机能够执行的指令集完全由该机所安装的 CPJ 决定

D．Pentium 4 的主频速度提高 1 倍，PC 机执行程序的速度也相应提高 1 倍

（43）____是决定微处理器性能优劣的重要指标之一。

A．内存容量的大小　B．微处理器的物理尺寸

C．主频　D．主存的存取周期

（44）关于 PCI 总线的说法错误的是____。

A．PCI 总线的时钟与 CPU 时钟无关

B．PCI 总线的宽度为 32 位，不能扩充到 64 位

C．PCI 总线可同时支持多组外围设备，与 CPU 的型号无关

D．PCI 总线能与其它 I／O 总线共存于 PC 系统中

（45）关于基本输入输出系统（BIOS）及 CMOS 存储器，下列说法中错误的是____。

A．BIOS 存放在 ROM 中，是非易失性的

B．CMOS 中存放着基本输入输出设备的驱动程序及其设置参数

C．BIOS 是 PC 机软件最基础的部分，包含 CMOS 设置程序等

D．CMOS 存储器是易失性的

（46）关于 I／O 接口，下列____说法是正确的。

A．I／O 接口即 I／O 控制器，用来连接 I／O 设备与主板

B．I／O 接口用来连接 I／O 设备与主机

C．I／O 接口用来连接 I／O 设备与主存

D．I／O 接口即 I／O 总线，用来连接 I／O 设备与 CPU

（47）目前使用较广泛的打印机有针式打印机、激光打印机和喷墨打印机。其中，在打印票据方面具有独特的优势，____在彩色图像输出设备中占绝对优势。

A．针式打印机、激光打印机

B．喷墨打印机、激光打印机

C．激光打印机、喷墨打印机

D．针式打印机、喷墨打印机

（48）以下关于扫描仪的说法中错误的是____。

A．扫描仪的接口可以是 SCSI、LISB 和 Firewire 接口

B．扫描仪的色彩位数越多，它所表现的图像的色彩就越丰富，效果就越真实

C．分辨率是扫描仪主要性能指标，分辨率越高，它所表现的图像越清晰

D．每种扫描仪只能扫描一种尺寸的原稿

（49）Cache 通常介于主存和 CPU 之间，其速度比主存____，容量比主存小，它的作用是弥补 CPU 与主存在______上的差异。

A．快，速度　B．快，容量　C．慢，速度　D．慢，容量

（50）下面关于 CPU 性能的说法中，错误的是______。

A．在 Pentium 处理器中可以同时进行整数和实数的运算，因此提高了 CPU 的运算速度

B．主存的容量不直接影响 CPU 的速度

C．Cache 存储器的容量是影响 CPU 性能的一个重要因素，一般 Cache 容量越大，CPU 的速度就越快

D．主频为 2GHz 的 CPU 的运算速度是主频为 1GHz 的 CPU 运算速度的 2 倍

（51）现代通信是指使用电波或光波传递信息的技术，故使用_____传输信息不属于现代通信范畴。

A．电报　B．电话　C．传真　D．磁带

（52）目前，个人计算机使用的电子元器件主要是______。

A．晶体管　B．中小规模集成电路

C．光电路　D．大规模或超大规模集成电路

（53）在光盘驱动器读取 CD 光盘的过程中，将光信号变为电信号的设备是_______。

A．激光管　B．激光束分离器

C．匕电检测器　D．电子透镜

（54）目前能全面支持制造业企业管理的管理信息系统是_______。

A．MRP　B．MRP II　C．ERP　D．CSRP

（55）当 PC 机的 CMOS 保存的系统参数被病毒程序修改以后，下列措施中最方便、经济的解决方法是________。

A．重新启动机器　B．使用杀毒程序杀毒，重新配置 CMOS 参数

C．更换主板　D．更换 CMOS 芯片

（56）下面有关 I／O 操作的叙述中，错误的是____。

A．多个 I／O 设备能同时进行工作

B．I／O 设备的种类多，性能相差很大，与计算机主机的连接方法也各不相同

C．为了提高系统的效率，I／O 操作与 CPU 的数据处理操作通常是并行进行的

D．PC 机中 CPI，通过执行 INPUT 和 OUTPUT 指令向 FO 控制器发出启动 I／O 操作的命令，并负责对 I／O 设备进行全程控制。

（57）PC 机的机箱外常有很多接口用来与外围设备进行连接，但____接口不在机箱外面。

A. RS-232E　　B. PS / 2　　C. IDE　　D. USB

（58）在计算机集成制造系统中，MRPⅡ的含义是______。

A. 计算机辅助设计　　B. 计算机辅助制造

C. 物料需求计划系统　　D. 制造资源计划系统

（59）如果多用户分时系统的时间片固定，那么______，CPU 响应越慢。

A. 用户数越少　　B. 用户数越多

C. 硬盘容量越小　　D. 内存容量越大

（60）键盘上用于把光标移动到开始位置的键位是______。

A. End　　B. Home　　C. Ctrl　　D. Num Lock

（61）激光打印机是激光技术与______技术相结合的产物。

A. 打印　　B. 显示　　C. 照相　　D. 复印

（62）下列关于集成电路的说法中错误的是______。

A. 集成电路是现代信息产业的基础之一

B. 集成电路只能在硅（Si）衬底上制作而成

C. 集成电路的特点是体积小、重量轻、可靠性高

D. 集成电路的工作速度与组成逻辑门电路的晶体管的尺寸密切相关

（63）为了提高处理速度，Pentium 4 处理器采取了一系列措施，下列叙述中错误的是______。

A. 运算器由多个运算部件组成

B. 总线在空闲时自动从主存储器中取得一条指令

C. 增加了指令预取部件

D. 寄存器数目较多

（64）微型计算机中，控制器的基本功能是______。

A. 进行算术运算和逻辑运算　　B. 存储各种数据和信息

C. 保持各种控制状态　　D. 控制机器各个部件协调一致地工作

（65）CD-ROM 盘存储数据的原理是，利用在盘上压制凹坑的机械方法，凹坑的边缘用来表示______，而凹坑和非凹坑的平坦部分表示____，然后再使用____来读出信息·

A. “1”、“0”、激光　　B. “O”、“1”、磁头

C. “1”、“0”、磁头　　D. “O”、“1”、激光

（66）下列关于微型计算机的叙述中，错误的是______。

A. 微型计算机中的微处理器就是 CPU

B. 微型计算机的性能在很大程度上取决于 CPJ 的性能

C. 一台微型计算机中包含多个微处理器

D. 微型计算机属于第四代计算机

（67）PC 机加电启动时，执行了 BIOS 中的 POST 程序后，若系统无致命错误，计算机将执行 BIOS 中的______。

A. 系统自举程序　　B. CMOS 设置程序

C. 操作系统引导程序　　D. 检测程序

（68）下列不能连接在 PC 机主板 IDE 接口上的设备是______。

A．打印机　　B．光盘刻录机
C．硬盘驱动器　　D．光盘驱动器

（69）负责对 I / O 设备的运行进行全程控制的是______。
A．芯片组　　B．总线　　C．I / O 设备控制器　　D．CPU

（70）以下_____与 CPU 的处理速度密切相关：
①CPU 工作频率，②指令系统，③Cache 容量，④运算器结构。
A．①②　　B．①　　C．②③④　　D．①②③④

（71）下面是关于 PC 机 CPU 的若干叙述：
①CPU 中包含几十个甚至上百个寄存器，用来临时存放待处理的数据
②CPU 是 PC 机中不可缺少的组成部分，它担负着运行系统软件和应用软件的任务
③CPU 的速度比主存储器低得多，使用高速缓存(Cache)可以显著提高 CPU 的速度
④PC 机中只有 1 个微处理器，它就是 CPU。
其中错误的是____。
A．①③　　B．②③　　C．②④　　D．③④

（72）第四代计算机的 CPU 采用的集成电路属于_______。
A．SSI　　B．VI_SI　　C．LSI　　D．MSI

（73）下面关于微处理器的叙述中，错误的是______。
A．Pentium 是 Intel 公司的微处理器产品
B．PC 机与 Macintosh 是不同厂家生产的计算机，但是它们互相兼容
C．PowerPC 与 Pentium 微处理器结构不同，指令系统也有很大差别
D．Pentium 机器上的程序一定可以在 Pentium 4 机器上执行

（74）目前所使用的 CD-ROM 光驱大多为_________接口，它可以直接与主机相连。
A．SCSI　　B．PS / 2　　C．E-IDE　　D．IEEE 1 394

（75）下列选项中，不属于 CIMS 系统的是__________。
A．CAI　　B．CAD　　C．CAM　　D．ERP

（76）下列关于打印机的叙述中，错误的是____。
A．激光打印机使用 PS/2 接口和计算机相连
B．喷墨打印机的打印头是整个打印机的关键
C．喷墨打印机属于非击打式打印机，它的优点是能输出彩色图像，经济，低噪音，打印效果好
D．针式打印机虽已逐渐退出市场，但其独特的平推式进纸技术，在打印存折和票据方面具有不可替代的优势

（77）目前使用的手写笔采用的主要工作原理是______。
A．电磁感应　　B．光电转换　　C．机械式　　D．光学

（78）下面是关于 PC 机中 USB 和 IEEE-1394 的叙述，其中正确的是____。
A．USB 和 IEEE-1394 都以串行方式传送信息
B．IEEE-1394 以并行方式传送信息，USB 以串行方式传送信息
C．USB 以并行方式传送信息，IEEE-394 以串行方式传送信息
D．IEEE-1394 和 USB 都以并行方式传送信息

（79）键盘、显示器和硬盘等常用外围设备在系统启动时都需要参与工作，它们的驱动程序必须存放在____中。

A．硬盘　　B．BIOS　　C．内存　　D．CPU

（80）下列关于I/O控制器的叙述，正确的是____。

A．I/O设备通过I/O控制器接收CPU的输入/输出操作命令

B．所有I/O设备都使用统一的I/O控制器

C．I/O设备的驱动程序都存放在I/O控制器上的ROM中

D．随着芯片组电路集成度的提高，越来越多的I/O控制器都从主板的芯片组中独立出来，制作成专用的扩充卡

（81）CPU的处理速度与____无关。

A．流水线级数　　B．CPU主频　　C．Cache容量　　D．CMOS的容量

（82）虚拟存储系统能够为用户程序提供一个容量很大的虚拟地址空间，但其大小有一定的范围，它受到____的限制。

A．内存容量大小

B．外存空间及CPU地址表示范围

C．交换信息量大小

D．CPU时钟频率

（83）下列选项中，____一般不作为打印机的主要性能指标。

A．色彩数目　　B．平均等待时间

C．打印速度　　D．打印精度

（84）S为了提高计算机中CPU的运行效率，可以采用多种措施，但以下措施中____是基本无效的。

A．增加指令快存容量　　B．增加数据快存容量

C．使用指令预取部件　　D．增大外存的容量

（85）目前个人计算机中使用的电子器件主要是____。

A．晶体管　　B．中小规模集成电路

C．大规模或超大规模集成电路　　D．光电路

（86）关于计算机上使用的光盘存储器，以下说法错误的是____。

A．CD-R是一种只能读不能写的光盘存储器

B．CD-RW是一种既能读又能写的光盘存储器

C．使用光盘时必须配有光盘驱动器

D．DVD光驱也能读取CD光盘上的数据

（87）以下符号中____代表某一种I/O总线标准。

A．CRT　　B．VGA　　C．PCI　　D．DVD

（88）采用Pentium作CPTJ以后的主板，存放BIOS的ROM大都采用____。

A．芯片组　　B．闪存(Flash ROM)

C．超级I/O芯片　　D．双倍数据速率(DDR)SDRAM

（89）下面关于虚拟存储器的说明中，正确的是____。

A．是提高计算机运算速度的设备

B．由 RAM 加上高速缓存组成

C．其容量等于主存加上 Cache 的存储器

D．由物理内存和硬盘上的虚拟内存组成

（90）可以从不同角度给集成电路分类，按照____可将其分为通用集成电路和专用集成电路两类。

A．集成电路包含的晶体管数目　　B．晶体管结构和电路

C．集成电路的工艺　　D．集成电路的用途

（91）Pentium 4 处理器的主频大约为 1.5～3.6____。

A．GHz　　B．MHz　　C．kHz　　D．THz

（92）在目前技术条件下，CD-RW 盘片平均可擦写次数大约为____次。

A．1～100　　B．100～500　　C．1000～2000　　D．10000～20000

（93）下列关于 CPU 结构的说法错误的是____。

A．控制器是用来解释指令含义、控制运算器操作、记录内部状态的部件

B．运算器用来对数据进行各种算术运算和逻辑运算

C．CPU 中仅仅包含运算器和控制器两部分

D．运算器由多个部件构成，如整数、ALU 和浮点运算器等

（94）计算机有很多分类方法，下面____是按其内部逻辑结构进行分类的。

A．服务器/工作站　　B．16 位/32 位/64 位计算机

C．小型机/大型机/巨型机　　D．专用机 / 通用机

（95）下列选项中，属于击打式打印机的是____。

A．针式打印机　　B．激光打印机　　C．热喷墨打印机　　D．压电喷墨打印机

（96）外置 MODEM 与计算机连接时，一般使用____。

A．计算机的并行输入输出口　　B．计算机的串行输入输出口

C．计算机的 ISA 总线　　D．计算机的 PCI 总线

（97）在计算机加电启动过程中的执行顺序为____。

① POSI 程序；② 操作系统；③ 引导程序；④ 自举程序。

A．①、②、③、④　　B．①、③、②、④

C．③、②、④、①　　D．①、④、③、②

（98）为了方便地更换与扩充 I / O 设备，计算机系统中的 I / O 设备一般都通过 I / O 接口与各自的控制器连接，下列接口____不属于 I / O 接口。

A．并行口　　B．串行口　　C．ISSB 口　　D．PCI 插槽

二、填空题

(1) 地址线宽度为 32 位的 CPU 可以访问的内存最大容量为____GB。

(2) CPU 主要由控制器、______和寄存器组成。

(3) CPU 用于分析指令操作码需要执行什么操作的部件是______。

(4) 在 8.89cm(3.5in)软盘中每个磁道分为 18 个扇区，每个扇区的容量为______B。

(5) 计算机显示器通常由两部分组成：监视器和______。

(6) 目前使用的光盘存储器中，可对写入信息进行改写的是______。

(7) DIMM 内存条的触点分布在内存条的两面，所以又被称为_______式内存条。

(8) 通常在开发新型号微处理器产品的时候，采用逐步扩充指令系统的做法，目的是使新老处理器保持________

(9) 硬盘的存储容量计算公式是：磁头数×柱面数×扇区数×________。

(10) 显示器的安全认证有多种，支持能源之星标准的显示器能够有效地节省______。

(11) 在 RAM，ROM，PROM，CD-ROM 四种存储器中，______是易失性存储器。

(12) 每一种不同类型的 CPU 都有自己独特的一组指令，一个 CPU 所能执行的全部指令称为______。

(13) CRT 显示器所显示的信息每秒钟更新的次数称为____速率，它影响到显示器显示信息的稳定性。

(14) 适合用作 Cache 的存储器芯片是_______。

(15) 硬盘接口电路主要有两大类：SCSI 接口和____接口。

(16) 在描述传输速率时常用的度量单位 kb / s 是 b / s 的____倍。

(17) PC 机的主存储器是由许多 DRAM 芯片组成的，目前其存取时间的单位是____。

(18) 硬盘盘片的表面由外向里分成若干个同心圆，每个圆称为一个____。

(19) CRT 显示器的主要性能指标包括：显示屏的尺寸、显示器的____、刷新速率、像素的颜色数目、辐射和环保。

(20) 一个硬盘的平均等待时间为 4ms，平均寻道时间为 6ms，则平均访问时间为____。

(21) 计算机使用的显示器主要有两类：CRT 显示器和_____。

(22) 内存容量 lGB 等于____MB。

(23) 硬盘上的一块数据要用三个参数来定位：磁头号、柱面号和_____。

(24) 在主存储器地址被选定后，主存储器读出数据并送到 CPU 所需要的时间称为这个主存储器的____时间。

(25) 双列直插式内存条简称____内存条，因其触点分布在内存条的两面，故称为双列直插式。

(26) 将计算机内部用“0”、“1”表示的信息转换为人可以识别的信息形式的设备称为_______设备。

(27) 硬盘中各个单碟上的半径相同的所有磁道的组合称之为____。

(28) 存储器分为内存储器和外存储器，其中存取速度快而容量相对较小的是______。

(29) 优盘、扫描仪、数码相机等计算机外设都可使用____接口与计算机相连。

(30) 半导体存储器芯片按照是否能随机存取，分为____和 ROM(只读存储器)两大类。

三、是非题

(1) 绘图仪、扫描仪、显示器、音箱等均属于输出设备。

(2) 一个 CPU 所能执行的全部指令的集合，构成该 CPU 的指令系统。每种类型的 CPU 都有自己的指令系统。

(3) PC 机中常用的外围设备一般通过各自的适配卡与主板相连，这些适配卡只能插在主板上的 PCI 总线插槽中。

(4) 计算机硬件指的是计算机系统中所有实际物理装置和文档资料。

(5) DDR、SDRAM 存储器的有效时钟频率是 SDRAM 的 2 倍。

(6) 在 PC 机中实现硬盘与主存之间数据传输的主要控制部件是中断控制器。

(7) PC 机主板上的芯片组，它的主要作用是实现主板所需要的控制功能。

(8) 计算机信息系统的特征之一是它涉及的数据量大，数据一般需存放在辅助存储器(即外存)中。

(9) 由于计算机通常采用“向下兼容方式”来开发新的处理器，所以，Pentium 系列的 CPU 都使用相同的芯片组。

(10) 计算机与外界联系和沟通的桥梁是输入 / 输出设备，即 I / O 设备。

(11) 一般情况下，计算机加电后自动执行 BIOS 中的程序，将所需的操作系统软件装载到内存中，这个过程称为“自举”、“引导”或“系统启动”。

(12) 计算机信息系统中的绝大多数数据只是暂时保存在计算机系统中，随着程序运行的结束而消失。

(13) 芯片组决定了主板上所能安装的内存最大容量、速度及可使用的内存条类型。

(14) 目前市场上有些主板已经集成了许多扩充卡(如声卡、以太网卡、显示卡)的功能，因此就不需要再插接相应的适配卡。

(15) 计算机系统由软件和硬件组成，没有软件的计算机被称为裸机，裸机不能完成任何操作。

(16) 当计算机完成加载过程之后，操作系统即被装入到内存中运行。

(17) 光学字符识别，即 OCR，是将纸介质上的印刷体文字符号自动输入计算机并转换成编码文本的一种技术。

(18) PC 机中常用的外围设备一般通过各自的适配卡与主板相连，这些适配卡只能插在主板上的 PC 总线插槽中。

(19) 我们通常所说的计算机主频 1.6GHz 是指 CPU 与芯片组交换数据的工作频率。

(20) PC 机的主板上有电池，它的作用是在计算机断电后，给 CMOS 芯片供电，保持芯片中的信息不丢失。

第三章 计算机软件

一、选择题

(1) 下列关于计算机软件的说法中，正确的是____。

A．用软件语言编写的程序都可直接在计算机上执行

B．“软件危机”的出现是因为计算机硬件发展严重滞后

C．利用“软件工程”的理念与方法，可以编制高效高质的软件

D．操作系统是20世纪80年代产生的

(2) 下列说法中，正确的是____。

A．编译程序和解释程序均产生目标程序

B．解释程序和编译程序均不产生目标程序

C．只有编译程序产生目标程序

D．只有解释程序产生目标程序

(3) 下列有关算法的叙述中，错误的是____。

A．算法至少产生一个输出量

B．算法在执行了有穷步的运算后终止

C．一个算法的时间代价和空间代价总可以同时达到最小

D．算法的每一步都有确切的含义

(4) 以下关于计算机软件的叙述中，错误的是____。

A．数学是计算机软件的理论基础之一

B．数据结构研究程序设计中计算机操作对象以及它们之间的关系和运算

C．任何程序设计语言的语言处理系统都是相同的

D．操作系统是计算机必不可少的系统软件

(5) 在信息系统的结构化生命周期开发方法中，具体的程序编写和调试属于____阶段的工作。

A．系统规划　　B．系统分析　　C．系统设计　　D．系统实施

(6) 下列各种因素中，____不是引起“软件危机”的主要原因。

A．对软件需求分析的重要性认识不够

B．软件开发过程难于进行质量管理和进度控制

C．随着问题的复杂度增加，人们开发软件的效率下降

D．随着社会和生产的发展，软件无法存储和处理海量数据

(7) 下列关于操作系统任务管理的说法，错误的是____。

A．Windows 操作系统支持多任务处理

B．分时是指将 CPJ 时间划分成时间片，轮流为多个程序服务

C．并行处理可以让多个处理器同时工作，提高计算机系统的效率

D．分时处理要求计算机必须配有多个 CPU

(8) 以下关于高级程序设计语言中的数据成分的说法中，正确的是_____。

A．数据名称命名说明数据需占用存储单元的多少和存放形式

B．数组是一组相同类型数据元素的有序集合

C．指针变量中存放的是某个数据对象的值

D．用户不可以自己定义新的数据类型

(9) 在软件开发与维护中，系统维护的内容主要是指______。

A．纠正性维护　　B．适应性维护

C．完善性维护　　D．纠正性维护、适应性维护、完善性维护

(10) 在系统测试中，为系统准备投入实际使用而提供最终证明、并有用户参加评估认可的测试是______。

A．模块测试　　B．集成测试　　C．系统测试　　D．验收测试

(11) 高级语言种类繁多，但其基本成分可归纳为四种，其中对处理对象的类型说明属于高级语言中的________成分。

A．数据　　B．运算　　C．控制　　D．传输

(12) 程序设计语言的语言处理程序属于____。

A．系统软件　　B．应用软件　　C．实时系统　　D．分布式系统

(13) 下列软件中不具备文本阅读器功能的是_______。

A．微软 Word　　B．微软 Media Player

C．微软 Internet Explorer　　D．Adobe 公司的 Acrobat Reader

(14) 下列不属于网络应用的是_______。

A．Photoshop　　B．Telnet　　C．FTP　　D．E-mail

(15) 下列说法中错误的是________。

A．操作系统出现在高级语言及其编译系统之前

B．为解决软件危机，人们提出了结构程序设计方法和用工程方法开发软件的思想

C．数据库软件技术、软件工具环境技术都属于计算机软件技术

D．设计和编制程序的工作方式是由个体发展到合作方式，再到现在的工程方式

(16) 管理计算机的硬件和软件资源，为应用程序开发和运行提供高效率平台的是_____。

A．操作系统　　B．数据库管理系统　　C．CPU　　D．专用软件

(17) 针对不同具体应用问题而专门开发的软件属于______。

A．系统软件　　B．应用软件　　C．财务软件　　D．文字处理软件

(18) 中文 Word 是一个功能非常丰富的文字处理软件，下面的叙述中错误的是______。

A．在文本编辑过程中，它能做到“所见即所得”

B．在文本编辑过程中，它不具有“回退”(Undo)功能

C．它可以编辑制作超文

D．它不但能进行编辑操作，而且能自动生成文本的“摘要”

(19) 一个用户若需在一台计算机上同时运行多个程序，必须使用具_____操作系统。

A．多用户　　B．多任务　　C．分布式　　D．单用户

(20) 理论上已经证明，有了_____三种控制结构，就可以编写任何复杂的计算机程序。

A．转子(程序)，返回，处理　　B．输入，输出，处理

C. 顺序，选择，重复　　D. I／O，转移，循环

(21) 微软 Office 软件包中不包含软件________。

A. Photoshop　B. PowerPoint　C. Excel　D. Word

(22) 下列信息系统中，属于专家系统的是______。

A. 办公信息系统　　B. 决策支持系统

C. 医疗诊断系统　　D. 电信计费系统

(23) 高级程序设计语言的基本组成成分有：________。

A. 数据，运算，控制，传输

B. 外部，内部，转移，返回

C. 子程序，函数，执行，注解

D. 基本，派生，定义，执行

(24) 下列软件属于系统软件的是______。

①金山词霸；②SQL Serve；③FrontPage；④CorelDraw 9；⑤编译器；⑥Linux；⑦银行会计软件；⑧Oracle；⑨Sybase；⑩民航售票软件。

A. ①③④⑦⑩　B. ②⑤⑥⑧⑨　C. ①③⑧⑨　D. ①⑨⑥⑨⑩

(25) 与点阵描述的字体相比，Windows 中使用的 TruePype 轮廓字体的主要优点是______。

A. 字的大小变化时能保持字形不变　B. 具有艺术字体

C. 输出过程简单　　D. 可以设置成粗体或斜体

(26) 决策支持系统的英文简称是_______。

A. ESS　B. DSS　C. CSCW　D. ES

(27) 下列不属于计算机软件技术的是________。

A. 数据库技术　　B. 系统软件技术

C. 程序设计技术　　D. 单片机接口技术

(28) 对 C 语言中语句“while(P)　S;”的含义，下述解释正确的是____。

A. 先执行语句 S，然后根据 P 的值决定是否再执行语句 S

B. 若条件 P 的值为真，则执行语句 S，如此反复，直到 P 的值为假

C. 语句 S 至少会被执行一次

D. 语句 S 不会被执行两次以上

(29) 为了支持多任务处理，操作系统的处理器调度程序使用______技术把 CPU 分配给各个任务，使多个任务宏观上可以“同时”执行。

A. 分时　B. 并发　C. 批处理　D. 授权

(30) 高级语言的控制结构主要包含____。

①顺序结构　②自顶向下结构　③条件选择结构　④重复结构

A. ①②③　B. ①⑨④　C. ①②④　D. ②③④

(31) 为提高系统运行的有效性而对系统的硬件、软件和文档所做的修改和完善都称为系统维护。在下列选项中不属于系统维护内容的是____。

A. 纠正应用软件设计中遗留的错误

B. 适应硬件和软件环境更改应用程序

C．数据库转储和建立日志文件

D．重构数据库所有模式以适应新的需求

(32) 在同一 Windows 平台上的两个应用程序之间交换数据时，最方便使用的工具是____。

A．邮箱　　B．读／写文件　　C．滚动条　　D．剪贴板

(33) 系统软件是给其他软件提供服务的程序集合，下面的叙述中错误的是____。

A．系统软件与计算机硬件有关

B．在通用计算机系统中系统软件几乎是必不可少的

C．操作系统是系统软件之一

D．IE 浏览器是一种系统软件

(34) 在 C 语言中，“if…else…”属于高级语言中的____成分。

A．数据　　B．运算　　C．控制　　D．传输

(35) ERP 和 MRPII 之间的关系是____。

A．ERP 在 MRP II 的基础上增加了许多新功能

B．MRP II 所涉及的范围大于 ERP

C．MRPII 是在 ERP 的基础上发展起来的

D．和 ERP 相比较，MRPII 的功能更强

(36) 操作系统具有存储器管理功能，当内存不够用时，其存储管理程序可以自动“扩充”内存，为用户提供一个容量比实际内存大得多的____。

A．虚拟存储器

B．脱机缓冲存储器

C．高速缓冲存储器(Cache)

D．离线后备存储器

(37) 系统测试包括以下________三部分。

①过程测试　②窗体测试　③模块测试　④系统测试　⑤验收测试

A．①②③　　B．②③④　　C．②③⑤　　D．③④⑤

(38) 应用软件是指专门用于解决各种不同具体应用问题的软件，可分为通用应用软件和定制应用软件两类。下列软件中全部属于通用应用软件的是____。

A．WPS、Windows、Word

B．PowerPoint、SPSS、UNIX

C．ALGOL、Photoshop、FORTRAN

D．PowerPoint、Excel、Word

二、填空题

(1) C++语言运行性能高，且与 C 语言兼容，已成为当前主流的面向______ 的程序设计语言之一。

(2) 算法是对问题求解过程的一种描述，“算法中描述的操作都是可以通过已经实现的基本操作在限定的时间内执行有限次来实现的”，这句话所描述的性质被称为算法的______。

(3) 20 世纪 60 年代以来，随着软件需求日趋复杂，软件的生产和维护出现了很大的困难，人们称此为______。

(4) 若有问题规模为 n 的算法，其主运算的时间代价为 $f(n)=n^2+5n+c$(c 为常数)，则该算法的时间复杂性可表示为 O(_______)。

(5) 解决某一问题的算法也许有多种，但它们都必须满足确定性、有穷性、能行性、输入和输出。其中输出的个数 n 应大于等于____。(填一个数字)

(6) 软件生命周期分为系统规划、系统分析、____、系统实施和系统维护。

(7) 指令是一种使用二进制表示的命令语言(又称机器语言)，它规定了计算机执行什么操作以及操作的对象，一般情况下，指令由____和操作数(或操作数地址)组成。

(8) 53.24cm（21in）显示器的 53.24 cm（21in）是指显示器的____长度。

(9) ____数学是以离散结构为主要研究对象的一些现代数学分支的总称。

(10) 算法和____的设计是程序设计的主要内容。

(11) 若求解某个问题的程序要反复多次执行，则在设计求解算法时，应重点从____代价上考虑。

(12) 根据事物地理位置坐标对其进行管理、搜索、评价、分析、结果输出等处理并提供决策支持、动态模拟、统计分析、预测预报等服务的信息系统称为 GIS，它的中文名称为____。

(13) 需求分析的重点是对“数据”和“处理”进行分析，通过调研和分析，应获得用户对数据库的基本要求。即：____、处理需求、安全与完整性的要求等。

(14) 分析一个算法的好坏，主要考虑算法的时间代价和____代价。

(15) 软件工程中，缩写词 CASE 的中文含义是______。

三、是非题

(1) 源程序通过编译程序的处理可以一次性地产生高效运行的目的程序，并把它保存在磁盘上，以备多次执行。

(2) Photoshop、Paint、ACDsee 32 和 FrontPage 都是图像处理软件。

(3) Windows 系列和 Office 系列软件是目前流行的操作系统软件。

(4) 算法不必满足能行性。

(5) 软件危机所表现出来的问题，与软件过程中使用的方法和技术并无关系。

(6) 操作系统三个重要作用体现在：管理系统硬软件资源、为用户提供各种服务界面、为应用程序开发提供平台。

(7) 为了方便人们记忆、阅读和编程，对机器指令用符号表示，相应形成的计算机语言称为汇编语言。

(8) 系统分析是采用系统工程的思想和方法，把复杂的对象分解成简单的组成部分，提出这些部分需数据的基本属性和彼此间的关系。

(9) Windows 桌面也是 Windows 系统中的一个文件夹。

(10) MATLAB 也是一种能用于数值计算的高级程序设计语言。

(11) Windows 操作系统中的图形用户界面（GUI）使用窗口显示正在运行的应用程序的状态。

(12) 系统分析阶段要回答的中心问题是："系统必须做什么(即明确系统的功能)"。

(13) 开发新一代智能型计算机的目标是完全替代人类的智力劳动。

(14) C++是一种面向对象的计算机程序设计语言。

(15) Linux 源代码的 90%以上采用 C 语言编写，因而具有良好的可移植性。

(16) 由于数据流程图是采用"自顶向下"分层方式绘制的，低层数据流程图是高层数据流程图的详细说明。

(17) FORTRAN 是一种主要用于数值计算面向对象的程序设计语言。

(18) 信源、信宿、信道被称为通信三要素。

(19) Windows 平台上使用的 AVI 是一种音频/视频文件格式，AVI 文件中存放的是未被压缩的音视频数据。

(20) 数据流程图是描述系统业务过程、信息流和数据要求的工具。

(21) C++语言是对 C 语言的扩充。

(22) 汇编语言程序的执行效率比机器语言高。

(23) 一般将使用高级语言编写的程序称为源程序，这种程序不能直接在计算机中运行，需要有相应的语言处理程序翻译成机器语言程序才能执行。

(24) 计算机系统中最重要的应用软件是操作系统。

(25) 任何计算机语言处理程序都必须把源程序转换成目标程序。

(26) 计算机具有强大的信息处理能力，但始终不能模拟或替代人的智能活动，当然更不可能完全脱离人的控制与参与。

(27) Linux 是一个多用户、多任务的操作系统，支持多工作平台和多处理器。

第四章　多媒体技术基础

一、选择题

(1) 数字图像的获取步骤大体分为四步：扫描、取样、分色、量化，其中量化的本质是对每个样本的分量进行________转换。

A．A / D　　B．A / A　　C．D / A　　D．D / D

(2) 目前计算机中用于描述音乐乐曲并由声卡合成出音乐来的语言(规范)为________。

A．MP3　　B．JPEG2000　　C．MIDI　　D．XML

(3) 下面关于图像的叙述中错误的是__________。

A．图像的压缩方法很多，但是一台计算机只能选用一种

B．图像的扫描过程指将画面分成 m×n 个网格，形成 m×n 个取样点

C．分色是将彩色图像取样点的颜色分解成三个基色

D．取样是测量每个取样点每个分量(基色)的亮度值

(4) 下列________图像文件格式大量用于扫描仪和桌面出版。

A．BMP　　B．TIF　　C．GIF　　D．JPEG

(5) 使用 16 位二进制编码表示声音与使用 8 位二进制编码表示声音的效果不同，前者比后者________。

A．噪音小，保真度低，音质差

B．噪音小，保真度高，音质好

C．噪音大，保真度高，音质好

D．噪音大，保真度低，音质差

(6) 在系统测试中，为系统准备投入实际使用而提供最终证明、并有用户参加评估认可的测试是__________。

A．模块测试　　B．集成测试　　C．系统测试　　D．验收测试

(7) 计算机只能处理数字声音，在数字音频信息获取过程中，下列顺序正确的是________。

A．模数转换、采样、编码　　B．采样、编码、模数转换

C．采样、模数转换、编码　　D．采样、数模转换、编码

(8) 下列文件类型中，不属于丰富格式文本的文件类型是____。

A．DOC 文件　　B．TXT 文件　　C．PDF 文件　　D．HTML 文件

(9) 下列关于 CD-ROM 光盘片说法中，错误的是____。

A．它利用压制凹坑的机械方法来存储数据，凹坑平坦处表示“0”，凸坑表示“1”

B．使用 CD-ROM 光驱能读出它上面记录的信息

C．它上面记录的信息可以长期保存

D．它上面记录的信息是事先制作到光盘上的，用户不能再写入

(10) 下列关于图像的说法错误的是____。

A. 图像的数字化过程大体可分为扫描、分色、取样、量化

B. 像素是构成图像的基本单位

C. 尺寸大的彩色图片数字化后，其数据量必定大于尺寸小的图片的数据量

D. 黑白图像或灰度图像只有一个位平面

(11) 丰富格式文本的输出展现过程包含许多步骤，____不是步骤之一。

A. 对文本的格式描述进行解释　　B. 对文本进行压缩

C. 传送到显示器或打印机输出　　D. 生成文字和图表的映像

(12) 为了区别于通常的取样图像，计算机合成图像也称为____。

A. 点阵图像　　B. 光栅图像　　C. 矢量图形　　D. 位图图像

(13) 数码相机中将光信号转换为电信号的芯片是____。

A. Memory stick　　B. DSP　　C. CCD　　D. A / D

(14) PC 机中有一种类型为 MID 的文件，下面关于此类文件的叙述中，错误的是____。

A. 它是一种使用 MIDI 规范表示的音乐，可以由媒体播放器之类的软件进行播放

B. 播放 MID 文件时，音乐是由 PC 机中的声卡合成出来的

C. 同一 MID 文件，使用不同的声卡播放时，音乐的质量完全相同

D. PC 机中的音乐除了使用 MID 文件表示之外，也可以使用 WAV 文件表示

(15) 在计算机中为景物建模的方法有多种，它与景物的类型有密切关系，例如对树木、花草、烟火、毛发等，需找出它们的生成规律，并使用相应的算法来描述其形状的规律，这种模型称为____。

A. 线框模型　　B. 曲面模型　　C. 实体模型　　D. 过程模型

(16) 下列____图像文件格式是微软公司在 Windows 平台上使用的一种通用图像文件格式，几乎所有的 Windows 应用软件都能支持。

A. GIF　　B. BMP　　C. JPG　　D. TIF

(17) MP3 是目前比较流行的一种数字音乐格式，从 MP3 网站下载 MP3 音乐主要是使用了计算机网络的____功能。

A. 资源共享　　B. 数据解密　　C. 分布式信息处理　　D. 系统性能优化

(18) 图像的压缩方法很多，____不是评价压缩编码方法优劣的主要指标。

A. 压缩倍数的大小　　B. 图像分辨率大小

C. 重建图像的质量　　D. 压缩算法的复杂程度

(19) 下列说法中错误的是____。

A. 现实世界中很多景物如树木、花草、烟火等很难用几何模型描述

B. 计算机图形学主要是研究使用计算机描述景物并生成其图像的原理、方法和技术

C. 用于描述景物的几何模型可分为线框模型、蓝面模型和实体模型等许多种

D. 利用扫描仪输入计算机的机械零件图属于计算机图形

(20) 下列关于数字图像的描述中错误的是________

A. 图像大小也称为图像分辨率

B. 位平面的数目也就是彩色分量的数目

C．颜色空间的类型也叫颜色模型

D．像素深度决定一幅图像中允许包含的像素的最大数目

(21) 符合国际标准且采用小波分析进行数据压缩的一种新的图像文件格式是________。

A．BMP　　B．GIF　　C．JPEG　　D．JP2

(22) 下列关于计算机合成图像的应用中，错误的是________

A．可以用来设计电路图　　B．可以用来生成天气图

C．可以用于医疗诊断　　D．可以制作计算机动画

(23) 信息系统在交付使用之前要进行测试，依次进行的是____。

A．模块测试、验收测试、系统测试

B．系统测试、模块测试、验收测试

C．系统测试、验收测试、模块测试

D．模块测试、系统测试、验收测试

(24) 目前有许多不同的图像文件格式，下列____不属于图像文件格式。

A．TIF　　B．JPEG　　C．GIF　　D．PDF

(25) 下列选项中，数码相机目前一般不具备的功能是____。

A．自动聚焦　B．影像预视　　C．影像删除　　D．影像打印

(26) 超文本(超媒体)由许多节点组成，下面关于节点的叙述中错误的是____。

A．节点可以是文字，也可以是图片

B．把节点互相联系起来的是超链

C．超链的起点只能是节点中的某个句子

D．超链的目标可以是一段声音或视频

(27) 专家系统从诞生到现在，已经应用在许多领域。下面____不属于专家系统的应用。

A．医疗诊断系统　　B．语音识别系统

C．金融决策系统　　D．办公自动化系统

(28) ERP、MRPII 与 CIMS 都属于____。

A．地理信息系统　　B．电子政务系统

C．电子商务系统　　D．制造业信息系统

(29) 系统测试包括____三部分。

①过程测试；②窗体测试；③模块测试；④系统测试；⑤验收测试

A．①②③　　B．②③④　　C．②③⑤　　D．③④⑤

二、填空题

(1) 将文本文件转换为语音输出所使用的技术是____________。

(2) 数字电视接收机(简称 DTV 接收机)大体有三种形式：一种是传统模拟电视接收机的换代产品——数字电视机，第二种是传统模拟电视机外加一个数字机顶盒，第三种是可以接收数字电视信号的______机。

(3) PAIL 制式的彩色电视使用的颜色模型为 YUV，若使用 4:2:2 的取样格式，则取样时每 4 个亮度信号 Y 就分别有_______个 U、V 色度信号。

(4) 不同的图像文件格式往往具有不同的特性，有一种格式具有图像颜色数目不多、数据量不大、能实现累进显示、支持透明背景和动画效果、适合在网页上使用等特性，这种图像文件格式是_______。

(5) 用户可以根据自己的爱好选择播放电视节目，这种技术称为_______。

(6) DVD 采用 MPEG-2 标准的视频图像，画面品质比 VCD 明显提高，其画面的长宽比有_______的普通屏幕方式和 16:9 的宽屏幕方式。

(7) 一种拥有多种媒体、内容丰富的数字化信息资源库，并能为读者提供方便、快捷地信息服务的机制称为数字图书馆，它的英文缩写是______。

(8) 一台显示器中 R、G、B 分别用 3 位 2 进制数来表示，那么可以有____种不同的颜色。

(9) 计算机动画是采用计算机生成一系列可供实时演播的连续画面的一种技术。设电影每秒钟放映 24 帧画面，则现有 2800 帧图像，它们大约可在电影中播放____分钟。

(10) 为了在因特网上支持视频直播或视频点播，目前一般都采用____媒体技术。

(11) VCD 在我国已比较普及，其采用的音视频编码标准是____。

三、是非题

(1) MP3 与 MIDI 均是常用的数字声音，用它们表示同一首钢琴乐曲时，前者的数据量比后者小得多。

(2) DVD 与 VCD 相比，其图像和声音的质量均有了较大提高，所采用的视频压缩编码标准是 MPEG-2。

(3) 传统的电视 / 广播系统是一种典型的以信息交互为主要目的的系统。

(4) Adobe Acrobat 是目前流行的一种数字视频编辑器。

(5) 亮度信号的取样频率一般比色度信号的取样频率低一些，所以数字视频中经常只对亮度信号取样。

(6) 视频信号的数字化过程中，亮度信号的取样频率可以比色度信号的取样频率低一些，以减少数字视频的数据量。

(7) 人眼对颜色信号变化的敏感程度较高，所以视频信号数字化时色度信号的取样频率可以比亮度信号的取样频率低一些，以减少数字视频的数据量。

(8) PAL 制式的彩色电视系统不能兼容黑白电视接收机。

第五章　计算机网络

一、选择题

(1) 下列操作系统都具有网络通信功能，但其中不能作为网络服务器操作系统的是____。

A．Windows 98　　B．Windows NT Server

C．Windows 2000 Server　　D．Unix

(2) 使用ADSL接入因特网时，下列叙述正确的是_____。

A．在上网的同时可以接听电话，两者互不影响

B．在上网的同时不能接听电话

C．在上网的同时可以接听电话，但数据传输暂时中止，挂机后恢复

D．线路会根据两者的流量动态调整两者所占比例

(3) 以下选项中不属于广域网技术的是_____。

A．X．25　　B．帧中继　　C．ATM　　D．FDDI

(4) 因特网每台主机的域名中，有一段为国家或地区代码，如中国的国家代码为CN。美国的国家代码为_____。

A．JSA　　B．AMR　　C．US　　D．空白

(5) WWW采用____技术组织和管理信息。

A．动画　　B．电子邮件　　C．快速查询　　D．超文本和超媒体

(6) IP地址中，关于C类地址说法正确的是____。

A．可用于中型网络

B．在一个网络中最多只能连接254台设备

C．此类IP地址用于多目的地址发送

D．此类IP地址留作以后扩充

(7) IP地址是因特网中使用的重要标识信息，如果IP地址的主机号部分每一位均为O，是指____。

A．因特网的主服务器　　B．因特网某一子网的服务器地址

C．该主机所在物理网络本身　　D．备用的主机地址

(8) 在分组交换机路由表中，到达某一目的地的出口与____有关。

A．包的源地址　　B．包的目的地址

C．包的源地址和目的地址　　D．包的路径

(9) 电信部门向用户提供的因特网接入服务中，有一种是“综合业务数字网”，俗称“一线通”，其英文缩写为____。

A．ISDN　　B．ATM　　C．ADSL　　D．X．25

(10) 将两个同类局域网互联，应使用的设备是____。

A．网卡　　B．路由器　　C．网桥　　D．调制解调器

(11) 关于有线载波通信，下列说法中正确的是____。

A．发信端采用频率调制，收信端采用信号滤波
B．发信端采用信号滤波，收信端采用频率调制
C．发信端采用频率调制，收信端也采用频率调制
D．发信端采用信号滤波，收信端也采用信号滤波

(12) 局域网常用的拓扑结构有环型、星型和____。
A．超链型 B．总线型 C．交换型 D．分组型

(13) 广域网交换机端口有两种，连接计算机的端口速度较________，连接另一个交换机的端口速度较________。
A．慢，快 B．快，慢 C．慢，慢 D．快，快

(14) 路由器用于连接异构的网络，它收到一个 IP 数据报后要进行许多操作，这些操作不包含__________。
A．地址变换 B．路由选择
C．帧格式转换 D．IP 数据报的转发

(15) ATM（异步传输模式）是一种重要的广域网技术，它把数据分成固定大小的小包（信元），并使用_________实现 ATM 交换机之间的高速数据传输。
A．双绞线 B．同轴电缆 C．光纤 D．卫星通信

(16) 下列关于局域网中继器功能的叙述中，正确的是________。
A．它用来过滤掉会导致错误和重复的比特信息
B．它用来连接以太网和令牌环网
C．它能够隔离不同网段之间不必要的信息传输
D．它用来对信号整形放大后继续进行传输

(17) 以太网的特点之一是使用专用线路进行数据通信，目前大多数以太网使用的传输介质是_______。
A．同轴电缆 B．无线电波 C．双绞线 D．光纤

(18) 某次数据传输共传输了 10000000 字节数据，其中有 50bit 出错，则误码率约为_____。
A．5．25 乘以 10 的负 7 次方 B．5．25 乘以 10 的负 6 次方
C．6．25 乘以 10 的负 7 次方 D．6．25 乘以 10 的负 6 次方

(19) 以下关于网卡（包括集成网卡）的叙述中错误的是______。
A．局域网中的每台计算机中都必须安装网卡
B．一台计算机中只能安装一块网卡
C．不同类型的局域网其网卡类型是不相同的
D．每一块以太网卡都有全球唯一的 MAC 地址

(20) 分组交换网为了能正确地将用户的数据包传输到目的地计算机，数据包中至少必须包含________。
A．包的源地址 B．包的目的地址
C．MAC 地址 D．下一个交换机的地址

(21) 利用有线电视系统接入互联网进行数据传输时，使用____传输介质。
A．双绞线 B．同轴电缆 C．光纤 D．光纤一同轴混合线路

(22) 在网络协议中，中继器工作在网络的________。

A．传输层　B．网络互连层　C．网络接口层　D．物理层

(23) 异步传输模式 ATM 是一种重要的广域网技术，它将数据分成较小的固定大小的包，称为________。

A．字节　B．帧　C．信元　D．块

(24) 以下选项________中所列都是计算机网络中传输数据常用的物理介质。

A．光缆、集线器和电源　B．电话线、双绞线和服务器

C．同轴电缆、光缆和插座　D．同轴电缆、光缆和双绞线

(25) 适合安装在服务器上使用的操作系统是________。

A．Windows Me　B．Windows NT Server

C．Windows 98　D．Windows 3.2

(26) 网络接口卡的基本功能包括：数据转换、通信控制和______。

A．数据解密 / 加密　B．数据缓存

C．数据服务　D．数据共享

(27) 在分组交换网上，数据以____为单位进行传输和交换。

A．文件　B．字节　C．数据包　D．记录

(28) 在下列数据通信的交换技术中，____不采用存储转发方式工作。

A．分组交换　B．包交换　C．电路交换　D．报文交换

(29) 在组建局域网时，若线路的物理距离超出了规定的长度，一般需要增加____设备。

A．服务器　B．中继器　C．调制解调器　D．网卡

(30) 我国目前采用“光纤到楼，以太网入户”的做法，它采用传输速率约为____光纤以太网作为城域网的干线。

A．1000Mbps　B．100Mbps　C．10Mbps　D．1Mbps

(31) 在 TCP / IP 网络中，任何计算机必须有一个 IP 地址，而且____。

A．任意两台计算机的 IP 地址不允许重复

B．任意两台计算机的 IP 地址允许重复

C．不在同一城市的两台计算机的 IP 地址允许重复

D．不在同一单位的两台计算机的 IP 地址允许重复

(32) 网络中提供了共享硬盘、共享打印机及电子邮件服务等功能的设备称为_____。

A．网络协议　B．网络服务器

C．网络拓扑结构　D．网络终端

(33) 因特网上实现异构网络互连的通信协议是_____。

A．ATM　B．Novell　C．TCP / IP　D．X．25

(34) 线宽是集成电路芯片制造中重要的技术指标，目前芯片制造的主流技术中线宽为____。

A．几个微米　B．几个纳米　C．50nm 左右　D．100nm 左右

(35) 有关路由表，以下叙述错误的是________。

A．广域网中每台交换机都有一张路由表

B．路由表用来表示包的目的地址与输出端的关系

C．路由表可以进行简化，目的是为了提高交换机的处理速度

D．路由表内容是固定的，可通过硬件实现

(36) 电缆调制解调技术（Cable Modem）在我国有很大的发展潜力，________不是它的优点。

A．无需拨号上网　　B．不占用电话线

C．可永久连接　　D．数据传输速率高并且稳定

(37) 从用户的角度看，网络上可以共享的资源有________。

A．打印机，数据，软件等　　B．鼠标器，内存，图像等

C．传真机，数据，显示器，网卡　　D．调制解调器，打印机，缓存

(38) 下面关于超链的说法中，错误的是________。

A．超链的链宿可以是文字，还可以是声音、图像或视频

B．超文本中的超链是不定向的

C．超链的起点叫链源，它可以是文本中的标题

D．超链的目的地称为链宿

(39) 将异构的计算机网络进行互连所使用的网络互连设备是____。

A．网桥　B．集线器　C．路由器　D．中继器

(40) 计算机局域网的基本拓扑结构有______。

A．总线型，星型，主从型

B．总线型，环型，星型

C．总线型，星型，对等型

D．总线型，主从型，对等型

(41) 关于交换机和路由表的说法错误的是________。

A．广域网中的交换机称为分组交换机或包交换机

B．每个交换机有一张路由表

C．路由表中的路由数据是固定不变的

D．交换机的端口有两种，连接计算机的端口速度较低，连接其他交换机的端口速度较高

(42) 移动通信系统中关于移动台的叙述正确的是______。

A．移动台是移动的通信终端，它是收发无线信号的设备，包括手机、无绳电话等

B．移动台就是移动电话交换中心

C．多个移动台相互分割，又彼此有所交叠能形成“蜂窝式移动通信”　、

D．在整个移动通信系统中，移动台作用不大，因此可以省略

(43) 用户使用 ADSL 接入互联网时，需要通过一个 ADSL Modem 连接到计算机，它一般连接到使用计算机的________。

A．打印端口　B．串口　C．并口　D．以太网卡插口

(44) 计算机网络最主要的作用是________。

A．高速运算　　B．提高计算精度

C．传输文本、图像和声音文件　　D．实现资源共享

(45) 具有信号放大功能，可以用来增大信号传输距离的物理层网络设备是____。

A. 中继器　　B. 网桥　　C. 网关　　D. 路由器

(46) 在客户机/服务器（C/S）结构中，安装在服务器上作为网络操作系统的，一般不选用____。

A. Unix　　B. Windows ME　　C. Windows NT　　D. Linux

(47) 下面____不是计算机局域网的主要特点。

A. 地理范围有限　　B. 数据传输速率高

C. 通信延迟时间较低，可靠性较好　　D. 构建比较复杂

(48) 下列应用软件中____属于网络通信软件。

A. Word　　B. Excel　　C. Outlook Express　　D. FrontPage

(49) 在 TCP/IP 协议中，远程登录使用的是____协议。

A. telnet　　B. ftp　　C. http　　D. udp

(50) 路由器的主要功能是____。

A. 在链路层对数据帧进行存储转发　　B. 将异构的网络进行互连

C. 放大传输信号　　D. 用于传输层及以上各层的协议转换

(51) 广域网通信中，____不是包交换机的任务。

A. 检查包的应用层语义　　B. 检查包的目的地址

C. 将包送到交换机端口进行发送　　D. 从缓冲区中提取下一个包

(52) 窄带 ISDN 又称为“一线通”，它的最高传输速率为____。

A. 128kbps　　B. 56kbps　　C. 1Mbps　　D. 10Mbps

(53) 在构建计算机局域网时，若将所有计算机均连接到同一条通信传输线路上，并在线路两端连接防止信号反射的装置。这种局域网的拓扑结构被称为____。

A. 总线结构　　B. 环型结构　　C. 星型结构　　D. 网状结构

(54) 信息传输时不同信道之间信号的串扰对信道上传输的信号所产生的影响称为____。

A. 衰减　　B. 延迟　　C. 噪声　　D. 耗费

(55) 在 TCP / IP 参考模型的应用层包括了所有的高层协议，其中用于实现网络主机域名到 IP 地址映射的是____。

A. DNS　　B. SMTP　　C. FTP　　D. Telnet

(56) 在广域网中，计算机需要传送的信息预先都分成若干个组，然后以____为单位在网上传送。

A. 比特　　B. 字节　　C. 比特率　　D. 分组

(57) 网卡（包括集成网卡）是计算机联网的必要设备之一，以下关于网卡的叙述中，错误的是____。

A. 局域网中的每台计算机中都必须有网卡

B. 一台计算机中只能有一块网卡

C. 不同类型的局域网其网卡不同，不能交换使用

D. 网卡借助于网线(或无线电波)与网络连接

(58) TCP / IP 协议中 IP 位于网络分层结构中的____层。

A. 应用　　B. 网络互连　　C. 网络接口和硬件　　D. 传输

(59) 下列关于有线载波通信的描述中错误的是____。

A. 同轴电缆的信道容量比光纤通信高很多

B. 同轴电缆具有良好的传输特性及屏蔽特性

C. 传统有线通信系统使用的是电载波通信

D. 有线载波通信系统的信源和信宿之间有物理的线路连接

(60) 下面列举的都是我国电信部门提供的以公共数据通信线路为基础的广域网，比较起来发展前景最好的是____。

A. X. 25 网　B. 帧中继网　C. SMDS　D. ATM

(61) 下列____是因特网电子公告栏的缩写。

A. FTP　B. WWW　C. BBS　D. TCP

二、填空题

(1) 广域网中______交换机是构建分组交换网的基石，与普通集线器相比，它能分析数据包，有目的地进行转发。

(2) 以太网中，检测和识别信息帧中 MAC 地址的工作由______卡完成。

(3) 以太网是最常用的一种局域网，它采用_______方式进行通信，使一台计算机发出的数据其他计算机都可以收到。

(4) 按照使用的网络类型分类，电子商务目前有三种形式：一是基于 EDI 的电子商务；二是基于_______的电子商务；三是基于 Intranet / Extranet 的电子商务。

(5) WWW 服务是按客户 / 服务器模式工作的，当浏览器请求服务器下载一个 HTML 文档时，必须使用 HTTP 协议，该协议的中文名称是______。

(6) 以太网中的节点相互通信时，通常使用_____ ·____地址来指出收、发双方是哪两个节点。

(7) 要发送电子邮件就需要知道对方的邮件地址，邮件地址包括邮箱名和邮箱所在的主机域名，两者中间用_______隔开。

(8) 利用计算机及计算机网络进行教学，使得学生和教师可以异地完成教学活动的一种教学模式称为_________。

(9) 把磁头移动到数据所在磁道（柱面）所需要的平均时间称为硬盘存储器的____，它是衡量硬盘机械性能的重要指标。

(10) 访问中国教育科研网中南京大学（nju）校园网内的一台名为 netra 的服务器，输入_______域名即可。

(11) 在有 10 个结点交换式局域网中，若交换器的带宽为 10Mbps，则每个结点的可用带宽为_______Mbps。

(12) 超文本中的超链，其链宿有两种类型：一种是与链源所在文本不同的另外一个文本，另一种是链源所在文本内部有标记的某个地方，该标记通常称为_______。

(13) FDDI 采用环形拓扑结构，以太网的拓扑结构在逻辑上是_______。

(14) 以太网中，数据以____为单位在网络中传输。

(15) “D-Lib”的中文含义是____。

(16) 以太网在传送数据时，将数据分成若干帧，每个节点每次可传送____个帧。

(17) Web 文档有三种基本形式，它们是静态文档、动态文档和____。

(18) IEEE802.3 标准使用一种简易的命名方法，代表各种类型的以太网。以 100 Base T 为例：100 表示数据传输速率为 100____。

(19) 广域网的包交换机上所连计算机的地址用两段式层次地址表示，某计算机 D 的地址为[3，5]，表示：____上的计算机。

(20) 若用户名为 ch￡所接入的 Internet 邮件服务器的域名为 Sohu.com，则该用户的邮件地址一般为____。

(21) WWW 服务器提供的第一个信息页面称为____。

(22) 在 Intermet 中，FTP 用于实现______传输功能。

三、是非题

(1) 电子邮件是因特网中广泛使用的一种服务。Someone.sina.com.cn 就是一个合法的电子邮件地址。

(2) 打印机也可以通过网卡直接与网络相连。

(3) 在网络信息安全的措施中，用户的身份认证是访问控制的基础。

(4) 计算机网络也就是互联网，也称因特网，它是目前规模最大的计算机网络。

(5) 广域网比局域网覆盖的地域范围广，其实它们所采用的技术是完全相同的。

(6) 家庭用户拨号上网的计算机一般都有自己的域名。

(7) 某些型号的打印机自带网卡，可直接与网络相连。

(8) 防火墙的作用是保护一个单位内部的网络使之不受外来的非法访问。

(9) MODEM 由调制器和解调器两部分组成。调制是指把模拟信号变换为数字信号，解调是指把数字信号变换为模拟信号。

(10) 将地理位置相对集中的计算机使用专线连接在一起的网络一般称为局域网。

(11) ASF 文件是由微软公司开发的一种流媒体，主要用于互联网上视频直播、视频点播和视频会议等。

(12) 包过滤通常安装在路由器上，而且大多数商用路由器都提供了包过滤的功能。

(13) 网络中的计算机只能作为服务器。

(14) 通过各种加密和防范手段，可以构造出绝对安全的网络。

(15) 一个有效的防火墙应该能够确保：所有从因特网流入或流向因特网的信息都将经过防火墙；所有流经防火墙的信息都应接受检查。

(16) “引导程序”的功能是把操作系统的一部分程序从内存写入磁盘。

(17) 因特网（Internet）是一种跨越全球的多功能信息处理系统。

(18) 电话系统的通信线路是用来传输语音的，因此它不能用来传输数据。

(19) 建立计算机网络的最主要目的是实现资源共享。

(20) 数字签名实质上是采用加密的附加信息来验证消息发送方的身份，以鉴别消息来源的真伪。

(21) 计算机网络是一个非常复杂的系统，网络中所有设备必须遵循一定的通信协议才能高度协调地工作。

(22) 防火墙是一个系统或一组系统，它在企业内网与外网之间提供一定的安全保障。

(23) 在分布计算模式下，用户不仅可以使用自己的计算机进行信息处理，还可以从网络共享其他硬件、软件和数据资源。

(24) 网络软件是实现网络功能不可缺少的软件。

(25) 拨号上网的用户都有一个固定的 IP 地址。

(26) 通信系统中信源和信宿之间必须存在信道，才能实现信息的传输。

(27) 信息检索系统具有信息量大、检索功能强、服务面广等特点。

(28) 全面的网络信息安全方案不仅要覆盖到数据流在网络系统中所有环节，还应当包括信息使用者、传输介质和网络等各方面的管理措施

(29) 使用 Cable Modem 需要用电话拨号后才能上网。

第六章　信息与信息安全

一、选择题

(1) 一般而言，扩展人类感觉器官功能的信息技术不包括____。

A．感知技术　　B．识别技术

C．获取技术　　D．存储技术

(2) 下列关于信息的叙述错误的是____。

A．指事物运动的状态及状态变化的方式

B．指认识主体所感知或所表述的事物运动及其变化方式的形式、内容和效用

C．对人有用的数据，这些数据将可能影响到人们的行为与决策

D．数据的符号化表示

(3) ERP、MRPII 与 CIMS 都属于____。

A．地理信息系统

B．电子政务系统

C．电子商务系统

D．制造业信息系统

(4) ____不是信息系统的发展趋势。

A．系统集成化

B．信息多媒体化

C．功能智能化

D．资源集中化

(5) RSA 是当前使用最多的____。

A．对称密钥加密系统　　B．杀毒软件

C．公共密钥加密系统　　D．防火墙

(6) 信息系统中，分散的用户不但可以共享包括数据在内的各种计算机资源，而且还可以在系统的支持下，合作完成某一工作，例如共同拟订计划、共同设计产品等。这已成为信息系统发展的一个趋势，称为____。

A．计算机辅助协同工作　　B．功能智能化

C．系统集成化　　D．信息多媒体化

(7) 下列有关信息检索系统的叙述中，正确的是_____。

A．信息检索系统是业务信息处理系统中的一种

B．信息检索系统分为目录检索系统和全文检索系统

C．信息分析系统是信息检索系统中的一种

D．专家系统是信息检索系统中的一种

(8) 计算机集成制造系统（CIMS）一般由_________两部分组成。

A．专业信息系统和销售信息系统

B．技术信息系统和信息分析系统

C．技术信息系统和管理信息系统

D．决策支持系统和管理信息系统

(9) 在计算机中为景物建模的方法有多种，它与景物的类型有密切关系，例如对树木、花草、烟火、毛发等，需找出它们的生成规律，并使用相应的算法来描述其形状的规律，这种模型称为_______。

A．线框模型　B．曲面模型　C．实体模型　D．过程模型

(10) 从信息处理的深度来看，决策支持系统(DSS)在信息处理的层次上属于_____。

A．原始信息　B．一次信息　C．二次信息　D．三次信息

(11) 系统测试包括以下_____三部分。

①过程测试 ②窗体测试 ③模块测试 ④系统测试 ⑤验收测试

A．①②③　B．②③④　C．②③⑤　D．③④⑤

(12) 在信息处理系统中，ES 是____的简称。

A．业务信息处理系统　B．信息检索系统

C．信息分析系统　D．专家系统

(13) 信息系统在交付使用之前要进行测试，依次进行的是____。

A．模块测试、验收测试、系统测试

B．系统测试、模块测试、验收测试

C．系统测试、验收测试、模块测试

D．模块测试、系统测试、验收测试

(14) 下面的叙述中错误的是____。

A．现代信息技术的主要特征是采用电子技术进行信息的收集、传递、加工、存储、显示与控制

B．现代集成电路使用的半导体材料主要是硅

C．集成电路的工作速度主要取决于组成逻辑门电路的晶体管的数量

D．当集成电路的基本线宽小到纳米级时，将出现一些新的现象和效应

(15) 业务信息处理系统是使用计算机进行日常业务处理的信息系统，下列不属于业务信息处理系统的是_____。

A．人力资源管理系统　B．财务管理系统

C．决策支持系统　D．办公自动化系统

二、填空题

(1) 信息分析系统（IAS）是一种高层次的信息系统，它是三次信息的处理系统。经理支持系统和________是两种常见的信息分析系统。

(2) 从信息处理的深度来区分信息系统，一般分为四大类，即有业务信息处理系统、信息检索系统、信息分析系统和_______。

(3) 通常认为，________是指对整个贸易活动实现电子化。

(4) 在全球范围内建立一个以空间位置为主线，将信息组织起来的复杂信息系统，我们把它称为_______。

(5) 信息系统从规划开始，经过分析、设计、实施直到投入运行，并在使用过程中随

其生存环境的变化而不断修改，直到不再适应需要的时候被淘汰，这一时间过程称为信息系统的_______。

(6) 电子商务 BtoB 是指______间的电子商务。

(7) 在信息系统开发的系统设计阶段应遵循下列四个原则：系统性、灵活性、____和经济性。

三、是非题

(1) 在信息系统的开发过程中，进行总体规划的主要目的是为了进行数据流分析。

(2) 现实世界中存在着多种多样的信息处理系统，例如 Internet 就是一种跨越全球的多功能信息处理系统。

(3) 计算机信息系统的建设，不只是一个技术问题，许多非技术因素对其成败往往有决定性影响。

(4) 对于有 n 个用户需要相互通信的对称密钥加密系统，需要有 n 个公钥和 n 个私钥。

(5) 工业化的发展直接导致信息化的出现，信息化的发展必须借助于工业化的手段。

(6) 现代信息技术涉及众多领域，例如通信、广播、计算机、微电子、遥感遥测、自动控制、机器人等。

(7) 计算机信息系统中的绝大多数数据只是暂时保存在计算机系统中，随着程序运行的结束而消失。

(8) 信息技术是指用来取代人的信息器官功能，代替人类进行信息处理的一类信息技术。

(9) 第一代计算机主要用于科学计算和工程计算。它使用机器语言和汇编语言来编写程序。

(10) 计算机信息系统的特征之一是其涉及的大部分数据是持久的，并可为多个应用程序所共享。

(11) 信息技术和信息产业正在成为 21 世纪经济和社会发展的主要驱动力之一。

(12) 信息化和工业化两者具有本质区别，要发展经济必须在两者之间作出取舍。

(13) 信息技术是用来扩展人们信息器官功能、协助人们进行信息处理的一类技术。

(14) 基本的信息技术包括信息获取与识别技术、通信与存储技术、计算技术、控制与显示技术等。

(15) 目前一般认为 RSA（公共密钥加密系统）需要 1024 位以上才有安全保障。

(16) 信息系统的规划和实现一般采用自底向上规划分析，自顶向下设计实现的方法。

第七章　数据库技术

一、选择题

(1) 以下所列关系操作中，只对单个关系实施运算的是______。

A．投影　　B．并　　C．除法　　D．交

(2) 在信息世界中，实体集间的联系有多种类型，宿舍实体集与学生实体集之间应是____联系。

A．1:1　　B．1:n　　C．m:n　　D．无法确定

(3) 在进行数据库设计时，_____主要用于功能要求比较明确且处理稳定的数据库应用系统。

A．面向过程的设计方法　　B．面向数据的设计方法

C．面向对象的设计方法　　D．CASE(计算机辅助软件工程)方法

(4) 数据库的物理结构设计的目标是______。

A．提高数据库的性能和有效地利用存储空间

B．选定 DBMS

C．提高数据字典的功能

D．扩充数据库的使用范围

(5) 数据库管理系统是________。

A．应用软件　B．操作系统　　C．系统软件　　D．编译系统

(6) 已知关系模式：学生 S（学号，姓名，性别，出生日期，院系），若查询所有男学生的全部属性信息，则应使用_______关系运算。

A．投影　　B．选择　　C．连接　　D．除法

(7) 假定学生关系模式是 S（学号，姓名，性别，年龄），课程关系模式是 C(课程号，课程名，学时数)，选课关系模式是 SC（学号，课程号，成绩），要查找选修课程名为“信息技术”的所有女学生的姓名，将涉及到关系________。

A．S　　B．C、SC　　C．S、SC　　D．S、C、SC

(8) 在关系数据模式中，若属性 A 是关系 R 的主键，则 A 不能接受空值或重值，这是由关系数据模型________规则保证的。

A．实体完整性　　B．引用完整性

C．用户自定义完整性　　D．默认

(9) 数据库管理系统通常提供授权功能来控制不同用户访问数据的权限，其主要目的是为了保证数据库的____。

A．可靠性　　B．一致性　　C．完整性　　D．安全性

(10) 设有关系 R、S 和 T（如下表所示），关系 T 是由关系 R 和 S 经过____操作得到的。

A．R∪S　　B．R－S　　C．R×S　　D．自然连接

关系 R：

学号	姓名
05001	李军
05002	张明

关系 S：

学号	课程号	课程名
05001	S001	计算机应用基础
05002	S001	计算机应用基础
05002	S002	C 程序设计
05003	S001	计算机应用基础

关系 T：

学号	姓名	课程号	课程名
05001	李军	S001	计算机应用基础
05002	张明	S001	计算机应用基础
05002	张明	S002	C 程序设计

(11) 设有学生关系表 S（学号，姓名，性别，出生年月），属性“学号”为主键，下列 SQL 语句中，不能执行的为________。

A．SELECt’学号，姓名 FROM S WHERE 性别=“男”

B．INSERT’ INTO S（学号，姓名）VALI．IES（“020001”,“张三”）

C．INSERT’ INTO S（姓名，性别）VAM．IES（“张三”，“男”）

D．DELETE FROM S WHERE 性别=“男”

(12) 设有关系模式 R（A，B，C），其中 A 为主键，则以下不能完成的操作是______。

A．从 R 中删除两个元组

B．修改 R 第三个元组的 B 分量值

C．把 R 第一个元组的 A 分量值修改为 Null

D．把 R 第两个元组的 B 和 C 分量值修改为 Null

(13) 设 S 为学生关系，SC 为学生选课关系，SNO 为学号，CNO 为课程号，如下表如所示，执行 SQL 语句：SELECT S.*FROM S，SC WHERE S.SNO=SC.SNO AND SC.CNO=‘C2’，其查询结果是_______。

A．选出选修课程号为 C2 的学生信息

B．选出选修课程名为 C2 的学生名

C．选出 S 中学号与 SC 中学号相等的信息

D．选出 S 和 SC 中的一个关系

关系 S：

属性名	类型	说明
SNO	字符型	学号（主键）
SNAME	字符型	姓名

关系 SC：

属性名	类型	说明
SNO	字符型	学号（主键）
CNO	字符型	课程号（主键）
CNAME	字符型	课程名

(14) 以下关于关系模型的完整性约束的描述，错误的是____。

A．完整性约束可以保证数据库中数据的正确性

B．引用完整性反映了数据库中相关数据的正确性

C．根据完整性约束规则，主键可以接受空值，外键不允许为空值

D．完整性约束规则可以是用户自定义的规则

(15) 有关数据库安全的内容不包括____。

A．防止数据被非法修改

B．防止数据非法删除

C．审计对敏感数据的操作

D．数据完整性控制

(16) 在关系代数中，仅有五种运算是基本的，而其他运算可从基本运算中导出，下列四组关系代数运算中，都属于基本运算的是____。

A．并、广义笛卡尔积、投影

B．差、广义笛卡尔积、除

C．连接、选择、投影

D．差、自然连接、除

(17) 关系数据库标准语言 SQL 的 select 语句具有很强的查询功能，关系代数中最常用的“投影”、“选择”操作在 select 语句中可通过以下两个子句体现____。

A．From 子句和 Where 子句

B．Select 子句和 Where 子句

C．Order by 子句和 Where 子句

D．Where 子句和 Group by 子句

(18) 数据库恢复子系统的功能是：把数据库因故障而发生的破坏或不正确状态恢复到______的一个正确状态。

A．备份时　　　　B．备份后　　　　C．备份前　　　　D．最近

(19) 给出下列两个关系，其中 A 关系中有三个元组，B 关系中有五个元组，经广义笛卡尔积运算后得到新关系的元组个数为____。

A．8　　　　B．15　　　　C．34　　　　D．不确定

(20) 以下选项中，不属于数据库管理员职责的是____。

A．维护数据的完整性和安全性

B．数据库的备份与恢复

C．批准资金投入进行数据库维护

D．监视数据库的性能，必要时进行数据库的重组和重构

(21) 若“学生-选课-课程”数据库中的三个关系是：S（S#，SNAME，SEX，AGE），SC（S#，C#，GRADE），C（C#，CNAME，TEACHER），其中 S#为学号，C#为课程号，CNAME 为课程名，GRADE 为成绩。查找学号为“200301188”学生的“数据库”课程的成绩，至少要使用关系______。

A．S 和 SC　　　　B．SC 和 C　　　　C．S 和 C　　　　D．S、SC 和 C

(22) 有一个关系模式：学生（学号，姓名，性别），规定其主键（学号）的值域是八

个数字组成的字符串，这一规则属于______。

A．用户自定义完整性约束　　B．实体完整性约束

C．参照完整性约束　　D．主键完整性约束

(23) 关系 R 与关系 S 并相容，是指______。

A．R 和 S 的元组个数相同　　B．R 和 S 模式结构相同且其对应属性取值同一个域

C．R 和 S 的属性个数相同　　D．R 和 S 的元组数相同且属性个数相同

(24) 关系代数运算中花费时间最长的操作是_____。

A．投影　　B．除法　　C．广义笛卡尔积　　D．选择

(25) 数据库系统中，数据的正确性、合理性及相容性（一致性）称为数据的_____。

A．安全性　　B．保密性　　C．完整性　　D．共享性

(26) 以下关于 SQL 视图的描述中，正确的是____。

A．视图是一个虚表，并不存储数据

B．视图同基本表一样以文件形式进行存储

C．视图只能从基本表导出

D．X 寸视图的修改与基本表一样，没有限制

(27) 假定有关系 R 与 S，运算后结果为 W，如果关系 W 中的元组既属于 R，又属于 S，则 W 为 R 和 S____运算的结果。

A．交　　B．差　　C．并　　D．投影

(28) 下列关于数据库维护的叙述中，错误的是____。

A．数据库的安全控制就是保证数据安全，防止数据被窃取和篡改

B．维护数据的完整性是 DBA 的主要职责之一

C．数据库的重构是无限的，可以做全部的修改

D．数据库的重组是对数据库的物理组织进行全面的调整，重新安排存储位置

(29) 在通常情况下，执行 SQL 查询语句的结果是一个____。

A．记录　　B．表　　C．元组　　D．数据项

(30) 关系数据模式中的关键字是指_____。

A．能唯一决定关系的字段　　B．不可改动的专用保留字

C．关键的很重要的字段　　D．惟一标识元组的属性或属性组

(31) 设关系 R 和 S 的元组个数分别为 100 和 300，关系 T 是 R 与 S 的广义笛卡尔积，则 T 的元组个数是______。

A．90000　　B．30000　　C．10000　　D．400

(32) 数据库保护中，普遍采用_____技术来解决并发操作带来的数据不一致性问题。

A．封锁　　B．恢复　　C．存取控制　　D．加密

(33) SQ，数据库具有三级体系结构，其中不包含________。

A．E-R 模式　　B．逻辑模式　　C．存储模式　　D．用户模式

(34) 从 E-R 模型向关系模型转换，一个 m：n 的联系转换成一个关系模式时，该关系模式的主键为________。

A．m 端实体集的主键

B．n 端实体集的主键

C．m 端实体集的主键和 n 端实体集的主键的组合

D．重新选取其他属性

(35) 有一个关系模式：学生（学号，姓名，性别），规定其主键（学号）的值域是八个数字组成的字符串，这一规则属于_______。

A．用户自定义完整性约束

B．实体完整性约束

C．参照完整性约束

D．主键完整性约束

(36) 数据库管理系统(DBMS)的功能一般不包括______。

A．数据定义功能　　B．工作流控制功能

C．数据存取功能　　D．数据库管理功能

(37) 在对关系 R 和关系 S 进行自然连接操作时，要求 R 和 S 含有一个或多个相同的_____。

A．元组　　B．属性　　C．联系　　D．子模式

(38) 下面关于数据备份的叙述中，错误的是______。

A．数据备份是为了系统出现故障时，恢复数据库

B．数据备份可有整体备份和增量备份两种方式

C．备份文件通常和日志文件同时使用，以便最大限度地恢复系统

D．数据备份只能解决系统硬故障的恢复，而无法解决系统软故障的恢复

二、填空题

(1) 已知图书管理系统包含三张关系表：借书证表（借书证号，姓名，性别，工作单位），图书表（书号，书名，出版社，作者，馆藏册数），借书表（借书证号，书号，借书日期）。要查找借阅书号为“B001”的所有读者的姓名、工作单位和借书日期，可用 SQL 语句：SELECT 姓名，工作单位，借书日期：FROM 借书证表，_______（WHERE 子句略）。

(2) 20 世纪 60 年代后期，以数据的集中管理和共享为特征的数据库系统逐步取代了系统，成为数据管理的主要形式_______。

(3) 在关系模式 D（DEPTNO,DEPT）中，关系名是_______。

(4) 在关系数据模型中，二维表的列称为属性，二维表的行称为______。

(5) 根据侧重点的不同，数据库设计分为过程驱动的设计方法和______驱动的设计方法两种。

(6) 若根据下列概念结构设计所得到的 E-R 图进行逻辑结构设计，至少应产生____个关系模式（图中 m，n，P，q，r 均大于 1）。

(7) 有一数据库关系模式 R（A，B，C，D），对应于 R 的一个关系中有三个元组，若从集合数学的观点看，对其进行任意的行和列位置交换操作（如行的排序等），则可以生成_____个新的关系（用数值表示）。

(8) 数据库设计根据信息需求和处理需求的侧重点不同，有两种方法：_____和面向数

据的设计方法。

(9) 在关系模型中采用_____结构表示实体集以及实体集之间联系的。

(10) 著名的 ORACLE 数据库管理系统采用的是_____数据模型。

(11) 关系数据库设计的基本任务是按需求和系统支持环境，设计出_____以及相应的应用程序。

(12) 若表 A 中的每一个记录，表 B 中至多有一个记录与之联系，反之亦然，则称表 A 与表 B 之间的联系类型是______。

(13) 若相对于表 A 中的每个记录，表 B 中可以有 N 个记录(N>=0)与之联系，反之，若相对于表 B 中的每个记录，表 A 中至多有一个记录与之联系，则称表 A 与表 B 之间的联系类型是______。

(14) 针对特定的应用任务，存储事物的地理位置和属性数据，记录事物之间关系和演变过程的系统，称为______。

(15) 在关系模式 D（DEPTNO,DEPT）中，一般选用______为主键（其中 DEPTNO 表示部门编号，DEPT 表示部门名称）。

三、是非题

(1) SQL 语言是为关系数据库配备的过程化语言。

(2) 两个实体集之间只可能有一种联系。

(3) DBS 是帮助用户建立、使用和管理数据库的一种计算机软件。

(4) 在 E-R 模型中，属性只能描述对象的特征。因此，只有实体集有属性，而联系不可以有属性。

(5) 在基于数据库的信息系统中，数据完整性是指数据库中数据不能被分割。

(6) 在数据库系统中，原子数据是指不可再分的数据。

(7) 关系模型中的模式对应于文件系统中的记录。

(8) 数据的逻辑独立性指用户的应用程序与数据库的逻辑结构相互独立，系统中数据逻辑结构改变，应用程序不需改变。

(9) 概念模型中实体集可以有属性，但联系不可以有属性。

(10) 数据库系统的核心软件是数据库（DB）。

(11) 在关系数据库管理系统中，通常引入事务的概念，把事务作为应用程序执行的基本单元。

(12) 数据库概念设计的 E-R 方法中，用属性描述实体集的特征，属性在 E-R 图中一般使用菱形表示。

(13) 在数据库设计中，概念结构往往与选用什么具体类型的数据模型有关。

(14) 数据库中的数据具有整体结构化特征，因此，便于描述数据及其相互联系。

(15) 需求分析的重点是“数据”和“处理”，通过调研和分析，应获得用户对数据库的基本要求，即信息需求、处理需求、安全与完整性的要求。

(16) 关系数据模型是以概率论中的相关概念为基础发展起来的数据模型。

(17) 数据库系统中的数据面向全局应用，而文件系统中的数据往往面向局部应用。

(18) 概念数据模型是依赖于具体计算机系统的模型，它描述实体信息在计算机系统的表示。

(19) 数据库系统就是数据库。

(20) 数据流程图（简称 DFD）主要用于数据库的设计阶段。

(21) 数据字典是系统中各类数据定义和描述的集合。

(22) E-R 模型通常用于描述某一单位或部门信息的概念模型。